科学新探索读本

数学空间的机智

编　　写　《科学新探索读本》丛书编写组
主　　编　赵玉山　高丽芳
执行主编　邓　莉　倪　涵

中国地图出版社

目

生活中的数学

故事中的数学

录

经典数学问题

经典数学人物

编写说明

本套科普图书定位于青少年课外科学普及、课堂科学素养的补充。既立足于科学“新”探索——科学的新发现、新问题、新角度、新观点，力争提供新颖别致的写作和阅读角度，让青少年在平实、简单、有趣的文字中认识科学、亲近科学、走进科学，激发他们在习以为常的科学现象和规律中进行新的发现和思考；同时也将立足于课堂知识，是青少年科学课堂知识有益、必要、恰当的补充和扩展，架起普通常识和科学探究之间的桥梁，鼓励学生从当下出发，从课堂出发，从生活出发，探究大千世界、万物原理，在课堂内外、自身与世界之间获得探究的乐趣和自信，拉近科学与普通人的距离。上述两点，是本套丛书的编写定位和立足角度。

本套丛书首批设计16册，包括小学8册，初中8册，核心内容涵盖基础教育各学科科学素养全部知识点，围绕国家基础教育课程标准所列知识内容，力求做到既同步于课堂知识，成为学生学习的助手、伙伴、老师，又独立于课堂体系，是其丰富的、有益的、最新科学知识的补充扩展；既是科学第二教材、科学趣味读本，也是课外活动手册、家庭科学活动材料。可以配合小学一年级至初中三年级共九年学段同步阅读，也可独立成体系，供小学、初中任何年级学生成套独立阅读。丛书从不同的角度切入，涵盖生理、心理、天文、地理、自然、动物、植物、空间、能源、科技等方方面面。丛书力求图文并茂，在文字叙述和引导的同时，提供大量精美精致的图片，让小读者在深入浅出的故事中走进科学殿堂，早日成为未来具有科学素养的公民。

《科学新探索读本》丛书编写组

二〇一一年四月

1 神秘的大自然

引言

任何数学分支，无论怎样抽象，总有一天可被应用于现实世界的各种现象。

——尼古拉·罗巴切夫斯基

你有没有仔细观察过一片叶子，对它为什么能精确地分成两半表示奇怪？你有没有注意到各种花的花瓣形成的完美星形？你有没有注意到向日葵、菠萝和松果等的螺旋形生长模式？数学并非只是各种算法和公式。在生活中，雪花结晶、动物的外表和植物的生长，无处不隐藏着数学模式，就让我们一起来探寻大自然中的数学奥秘吧！

探秘之旅

优美的花瓣

花是天地灵秀之所钟，它是美的化身。赏花，在于悦其姿色而知其神骨，如此方能遨游在每一种花的独特韵味中，而深得其中情趣。如古人所言："梅标清骨，兰挺幽芳，茶呈雅韵，李谢浓妆，杏娇疏雨，菊傲严霜。水仙冰肌玉骨，牡丹国色天香。玉树亭亭阶

▲含苞待放的梅花

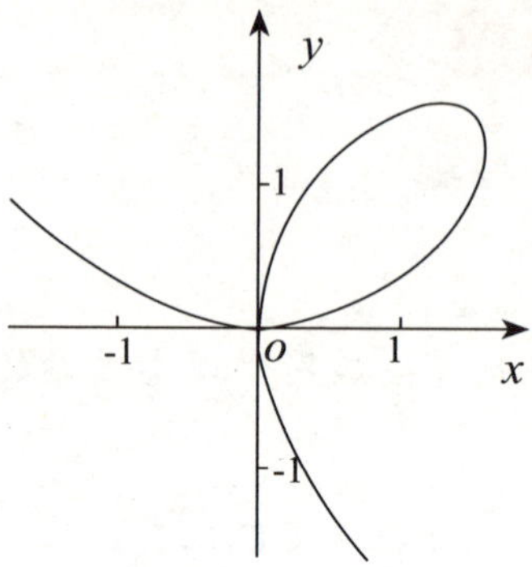

▲茉莉花瓣曲线

砌，金莲冉冉池塘。芍药芳姿少比，石榴丽质无双。丹桂飘香月窟，芙蓉冷艳寒江。”从古至今，无数文人墨客对花情有独钟，不仅因为那鲜艳的颜色，更因为它优美的线条、诱人的曲线。

著名数学家笛卡尔同样喜爱各种美丽的花朵，尤其钟爱芬芳的茉莉花。一天在研究数学方程时，笛卡尔突然眼前一亮，他将方程表示的曲线画在直角坐标系中，霎时间一条优美的线条在纸上呈现出来。而方程从此也多了一个美丽的名字——茉莉花瓣曲线。

植物中的数列

最漂亮的数学公式通常是那种既简单、又能呈现许多现象的数学式子，斐波那契数列便是其中之一。简单来说斐波那契数列从 0 和 1 开始，之后的一个斐波那契数就由前面的两数相加而成，如 0, 1, 1, 2, 3, 5, 8, 13, 21, 34, 55, 89…

科学家们发现，一些植物的花瓣、果实的数目以及排列的方式都惊人的吻合著名的斐波那契数列，其中最典型的就是向日葵种子的排列方式。仔细观察向日葵花盘，你会发现两组螺旋线，一组顺时针方向盘绕，另一组则逆时针方向盘绕，并且彼此相嵌。虽然对于不同的向日葵，花盘里种子的生长方向和螺旋线的数量有所不同，但往往不会超出 34 和 55、55 和 89 或者 89 和 144 这三

▲向日葵

组数字，而每组数字恰恰都是斐波那契数列中相邻的两个数。前一个数字是顺时针盘绕的线数，后一个数字是逆时针盘绕的线数。

神奇的斐波那契数列总是可以和植物结缘。雏菊的花盘同样遵循类似的数学模式，只不过数字略小一些；菠萝果实上的菱形鳞片，一行行有序排列起来，通常 8 行向左倾斜，13 行向右倾斜；而在遥远的挪威森林中，生长着一种云杉，它的球果在一个方向上有 3 行鳞片，另一个方向上长有 5 行鳞片；又如最常见的落叶松，它是一种针叶树，其松果上的鳞片在两个方向上各排成 5 行和 8 行，另一种美国松的松果鳞片则在两个方向上各排成 3 行和 5 行……

难道大自然也认识斐波那契数列？其实它就是一位伟大的数学家，上面的一切都是大自然的杰作，包括我们人类。

汹涌的海洋波浪

一望无际的大海上海浪总是此起彼伏，其壮丽的造型似乎是一种人性的创造，它时而隆起、时而跌落、时而翻滚、时而拍击着海岸。自古以来，人们为了了解和探索其运动的规律，用尽各种复杂的数学方程来描述波浪的起落涨伏，以解析它那不断变化的形状、大小、构成和特性。接下来让我们也一起看看波浪中包含的数学道理。

▲海浪

小时候，我们一定都玩过一个游戏，两个人拉着一根绳子的两端，其中一个人将手上下起伏摆动来产生波浪一样的效果。仔细观察可以发现波是沿着绳子传播的，开始时远处的绳子没有摆动，但接着波从发生处传向了另一侧，在两人之间便出现了能量的传递，波也就是这样通过媒介传播能量产生运动的。在这个游戏中，媒介是一根绳子，当然它还可以是很多别的物质，如水（海浪）、地球（地震的震波）、电磁场（无线电波）、空气（声波）等等。所以，波可以认为是媒介体受到某种方式的扰动而产生的。

我们再来看看那汹涌的海浪是如何产生的呢？它或由于风，或由于地震，或由于外物的运动（如航行的船），或由于月球和太阳循环运动造成引力的周期性变化（潮汐）等原因，而使海水受到扰动，产生了水波。当这些扰动出现复合叠加时，海浪起伏的形状也就变得如此多样和随意了。

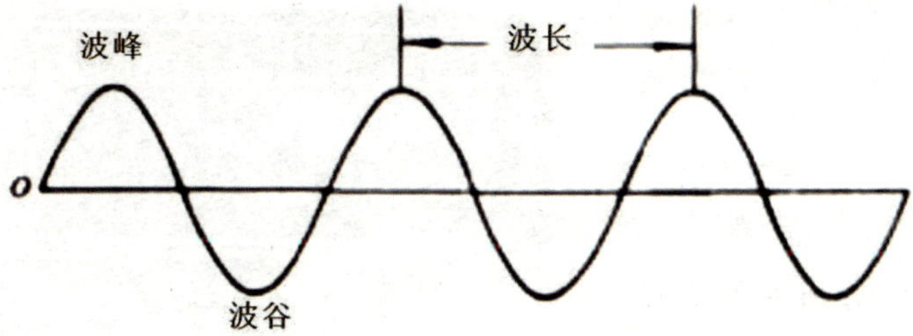

▲波浪曲线

早在 19 世纪初，许多数学家便对海洋波浪的数学原理进行了深入的研究，对海浪的观测以及模拟环境中的控制实验，帮助科学家们获得了许多有趣的结论。1802 年，捷克斯洛伐克的格特纳首先用数学公式建立了最初的波动理论。他通过观察分析了在波浪中的水分子究竟是怎样在一个圆周上运动的。原来波峰上水的运动方向，与波谷中水的运动方向恰好相反，在水的表面上的每一个水分子，在它返回原先位置之前，都是在一个圆形的轨道上运动的，他还发现，这个圆的直径就等于波浪摆动的高度。

由于波浪与旋转的水分子相联系，又由于正弦曲线和摆线也依赖于转动的圆，因而在对海浪的描述中常常使用这些数学方程和曲线。然而长期观测中人们又发现，海洋的波浪并非是严格的正弦曲线或其它单一的数学曲线，包括水的深度、风的强度、潮汐的变化等诸多因素，在模拟计算时都应该加以考虑。于是，现在人们引入概率论和统计学原理对海浪的影响因素加以研究，通过分析大量小波浪的观测数据，从中拟合出最优波动公式以用于预测。

在我们童年做摆绳游戏时，真的难以想象一个个简单的波浪竟包含着如此多的数学道理。

拓展链接

大自然是如此神奇，它创造了我们身边的一切，而这一切都是那么的复杂和精密，等待人类去学习和发掘。人类的历史也是认识大自然的历史，我们从植物的身上学到了斐波那契数列，从海浪中发现了波动理论……

随着人们对大自然认识的加深，更多地发现了它的神秘，而一门新兴的学科也应运而生，这就是仿生学。它是在20世纪中期才出现的，仿生学研究生物体的结构、功能和工作原理，并将这些原理移植于工程技术之中，发明性能优越的仪器、装置和机器，创造新技术。它就是试图将大自然中的数学工程道理应用于人类的科学研究之中。

鲨鱼皮泳衣就是最著名的例子。生物学家在研究中发现，鲨鱼的皮肤表面看似粗糙的V形皱褶，在游动的过程中却可以大大减少水流的摩擦力，使身体周围的水流更高效地流过，以使鲨鱼更加快速地游动。这款泳衣充分融合了仿生学原理，它的超伸展纤维表面便是完全仿造鲨鱼皮制作而成的。实验表明，鲨鱼皮泳衣可以减少3%的阻力，这在以毫秒决定胜负的游泳比赛中有着非凡的意义。在2000年悉尼奥运会上，著名运动员索普就是穿着鲨鱼皮泳衣一举夺得3枚金牌，使得鲨鱼皮泳衣名震泳界。

2 动物中的数学天才

引言

你知道吗，很多动物都有着令人惊叹的数学天赋。蜜蜂的每一个蜂房都是规则的六角柱状体；丹顶鹤总是成群结队迁飞，而且排成“人”字形，“人”字形的角度是110°；猫睡觉时总是把身体抱成一个球形；蛇在爬行时，走的是一个正弦函数图形。这些究竟有着怎样的数学道理，动物界中还有哪些数学天才呢？

探秘之旅

蜜蜂

18世纪初，法国学者马拉尔奇测量了蜂房，发现蜂巢是严格的六角柱体，一个挨着一个，中间没有一点空隙。从正面看去它是镶嵌得天衣无缝的正六角形，蜂房的底都是由三个全等的菱形组成的。有趣的是无论哪个蜂巢，组成底盘的菱形的所有钝角都等于109° 28′，所有锐角都等于70° 32′。在2200多年前，古希腊数学家帕波斯就在他的著作《数学汇编》中写道：蜂房里到处是等边等角的正多边形图案，

▲蜜蜂蜂房

非常匀称规则。在数学上，如果用正多边形去铺满整个平面，这样的正多边形只可能有3种，即正三角形、正方形和正六边形。蜜蜂凭着它本能的智慧，选择了角数最多的正六边形。这样，他们就可以用同样多的原材料，使蜂房具有最大的容量，从而贮藏更多的蜂蜜。华罗庚曾对蜂房作过十分形象的描绘："如果把蜜峰放大为人体的大小，蜂箱就成为一个20公顷的密集市镇。当一道微弱的光线从这个市镇的一边射来时，人们可以看到是一排排50层高的建筑物。在每一排建筑物上，整整齐齐地排列着簿墙围成的成千上万个正六角形的蜂房。"小小的蜂巢，是多么的不可思议！

除了蜂巢，蜜蜂的"圆舞曲"也是非常神秘的。每天清晨，当太阳升起在地平线30° 时，蜜蜂中的"侦察员"就飞出侦察蜜源。侦察蜂找到距蜂箱100米以内的蜜源时，即回巢报信，在蜂巢上交替性地向左或向右转着小圆圈，以"圆舞"的方式爬行。如果蜜源在距蜂箱百米以外，侦察蜂便改变舞姿，呈"∞"字。如果将全部爬行路线相连，直线爬行的时间越长，表示距离蜜源越远。直线爬行持续1秒钟，表示距离蜜源约500米；持续2秒，则约1 000米。

除此之外，据国外媒体报道，有研究显示：蜜蜂可轻易破解多年来全球数学家绞尽脑汁难以攻克的数学难题——"旅行商问题"。"旅行商问题"也被称为"旅行推销员问题"，指一名推销员要拜访多个地点时，如何找到在拜访每个地点一次后再回到起点的最短路径。规则虽然简单，但在地点数目增多后求解却极为复杂。多年来全球数学家绞尽脑汁，试图找到一个高效的算法，近来在大型计算机的帮助下才取得了一些进展。英国伦敦大学皇家霍洛威学院等机构研究人员报告说，小蜜蜂显示出了轻而易举破解这个问题的能力。他们利用人工控制的假花进行了实验，结果显示，不管怎样改变花的位置，蜜蜂在稍加探索后，很快就可以找到在不同花朵间飞行的最短路径。

大猩猩

越来越多的研究表明，识数不仅仅是人类特有的技能。据《大自然探索》揭示，大猩猩也是识数的。克勒是生活在美国哥伦比亚动物园里的一只大猩猩，一天，它的妻子玛莉被租借到其他动物园展出，当看到自己的妻子被装到车上拉走后，克勒大发雷霆，一连几天不吃不喝，虽然后来开始进食，但对管理员送来的食物非常挑剔，稍不如意，便将食物乱踩乱扔。无奈之下，管理员只得每天给它吃 10 只香蕉。一天，负责喂食的管理员只给了克勒 8 只香蕉，它吃完后，仍在盛香蕉的箱子里乱翻乱找，当发现少了 2 只时，竟气愤地将纸箱撕得粉碎。管理员又给了它 1 只，克勒接过来后将香蕉放到脚底下，用眼盯着管理员看，意思是说：还少 1 只呢。管理员只得又给了它 1 只，这时它才剥开香蕉皮大口吃起来，这说明克勒至少能识别 10 以内的数。

▲大猩猩

日本京都大学的研究人员则通过一系列的实验发现，一只名为

"艾伊"的雌性大猩猩能正确记住5位不连续数字序列。在接受从0到9的数字测试时，艾伊能够在计算机屏幕前将5个随机显示的数字按照从小到大的顺序排列起来。屏幕上显示了5个杂乱排列的数字，当大猩猩触摸第一个数字时，屏幕上其余的4个数都被白色的小方格掩盖起来。之后，它能按照适当的顺序点击这些小方格。研究人员说，只有全部记住这些数字，大猩猩才能作出正确的选择。试验证明，在识别4个数字组成的序列时，大猩猩的成功率大于90%，对于5个数字组成的序列，成功率为65%，可见，这绝非偶然。

珊瑚虫

▲珊蝴虫

珊瑚虫是海底花园的建设者之一，它不仅美丽，同时也是名副其实的"数学天才"。出于对水温、光线和水流速度等外部环境的感应，它们每年在自己的体壁上"刻画"出365条斑纹，显然是一天"画"一条。这些斑纹，是判断它们年龄的重要参考依据。可是奇怪的是，古生物学家发现3亿5千万年前的珊蝴虫每年"刻画"出的斑纹是400条，而并非365条，难道这个"日历"只是巧合？天文学家的研究结果证明，当时地球1天只有21.8小时，1年并非365天，而是珊瑚虫所记录的400天！珊瑚虫的数学本领，看来真是名不虚传啊！

老虎和狮子

凶猛的老虎和狮子都是夜行动物，习性就是白天休息，晚上才开始活动筋骨四处觅食。晚上的光线非常弱，但它们仍然能外出活动捕猎。这隐藏着怎样的秘密呢？原来动物眼球后面的视网膜是由圆柱形

▲狮子和老虎

或圆锥形的细胞组成的。圆柱形细胞适于弱光下感觉物体，而圆锥形细胞则适合于强光下感觉物体。在老虎、狮子一类夜行动物的视网膜上，圆柱细胞占绝对优势，到了晚上，它们的眼睛瞪得最大，直径能达三四厘米，是最亮的时候，所以，微弱的光线丝毫不影响狮子和老虎大显身手。

丹顶鹤

象征着长寿的丹顶鹤在飞行时总是成群结队，而且排成“人”字形，这个人字形的角度永远是110°，据更为精确的计算，“人”字夹角的一半是55° 44′ 8″，正好与金刚石结晶体的角度完全一致，这个仅仅是巧合，还是大自然的默契？至今还是不解之谜。

▲丹顶鹤

猫

▲冬睡的猫

猫在冬天睡觉时，总喜欢把自己的身子尽量缩成球状，这是为什么呢？原来因为在同样体积的物体中，球的表面积是最小的。猫身体的体积是一定的，为了使睡觉时散失的热量达到最少，以保持最温暖的状态，聪明的猫就巧妙地利用了这条几何性质。

拓展链接

英国昆虫学家兴斯顿做过一次有趣的实验：他将一只死蚱蜢切成大、中、小共三块，放在蚂蚁窝边。中块比小块大约1倍，大块又比中块大约1倍。蚂蚁发现这些蚱蜢块后，立即调兵遣将，欲把蚱蜢运回窝里。约10分钟工夫，有20只蚂蚁聚在小块蚱蜢周围，有51只蚂蚁聚集在中块蚱蜢周围，有89只蚂蚁聚集在大块蚱蜢周围。蚂蚁数额、力量的分配与蚱蜢大小的比例相一致，其数量之精确，令人称奇。

你如果有兴趣的话，也可以用蚱蜢、骨头或者米粒之类的蚂蚁食物作为诱饵，来检验蚂蚁的数学才能哦！

3 奇妙的人体

引　言

绵延10多亿千米的遗传序列、100多万亿个细胞的神秘组合，构成了不可思议的人体这个精妙运行的系统，也使得每个人都与众不同。如果从数学的角度去观察我们的身体，你将得到许多有趣的认知，让我们一起来探寻奇妙的人体吧！

探秘之旅

大脑的数字

大脑是人体内最不可思议的一个器官，大脑半球表面有许多弯弯曲曲的沟裂，称为脑沟，其间凸出的部分称为脑回。这些脑沟、脑回就像一块皱拢起来的绸布，一旦展平，约2 250平方厘米，就相当于

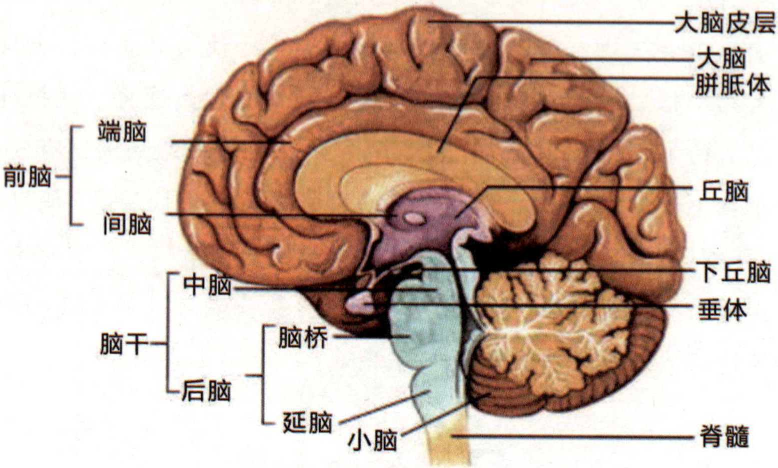

▲人的大脑结构

一张四开八版的报纸那么大。在所有身体器官中，脑在燃料消耗上是最贪婪的。在安静时，脑消耗氧气和葡萄糖的速率10倍于所有其他身体组织。事实上，脑消耗的能量是如此之高，以至于仅几分钟缺氧，脑就会死亡。尽管脑只占我们身体总质量的2.5%，在安静状态下，它却要消耗20%能量。我们的大脑有上百亿个神经元，但我们就是穷尽一生，也用不到它的1/10，大多数人平时能用到的也就是1% ~ 2%。

心脏的数字

英国医学家哈维说："太阳是世界的心脏，心脏是人体的太阳。"可见，心脏是多么重要。据相关研究表明，每天人体心脏跳动产生的能量，足以把9千克重的物体升高1米。人从出生到50岁的时候，心脏跳动所产生的能量可以把100颗重量级的人造卫星送入地球轨道。

科学家还发现，乌龟寿命可长达177年，因为它每分钟的心跳只有 6 次，一生心脏跳动约 5.6 亿次。令人惊奇的是，所有哺乳动物（人除外）一生的心跳次数基本上是一样的，大约是 7.3 亿次左右，而人一生的总心跳次数约为 25 亿至 30 亿次。心脏跳得太快，就死得快。

血管的长度

血管指血液流过的一系列管道。人体需要的氧气和营养，通过血液才能输送到全身各个组织和器官；同时，各个组织和器官在新陈代谢中产生的废物和二氧化碳，也由血液收集和运送到有关器官，然后排出体外。人体除角膜、毛发、指（趾）甲、牙齿及上皮等处外，血管密密麻麻地遍布全身。所以当你不小心划破身体上的任何一个部位时，都会流出血来。你知道人的血管有多长吗？也许你很难想象得到，根据英国皇家科学院的研究，每平方英寸（6.45 平方厘米）人体皮肤包含 19 英尺（5.8 米）血管，血管总长 62 000 英里（99 780 千米）以上，如果全部首尾相接，竟然可以绕地球两周半，要知道，绕地球一周约 4 万千米！

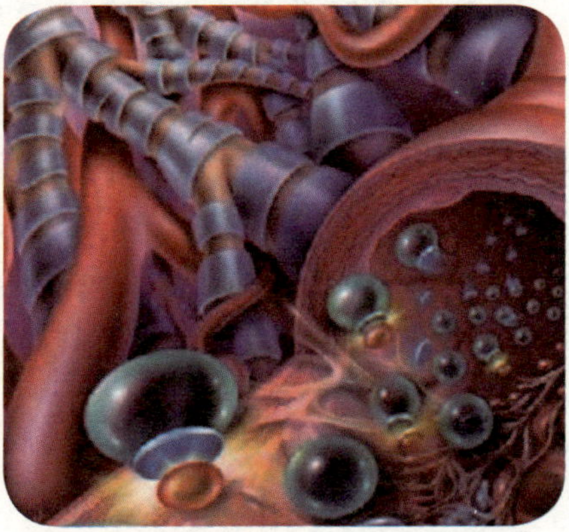
▲人的血管

血液循环的速度

由于心脏的跳动，血液被源源不断地输往全身。血液在人体内循环一周究竟需要多少时间呢？心脏送出来的血液，经过大动脉、中动脉、小动脉，流到全身的毛细血管，然后又经过小静脉、中静脉和大静脉，再返回心脏。血液按这个顺序在身体内旅行，速度非常快，在体内循环一周只需要 20 秒钟左右。我们可以按这个速度推算一下：每 20 秒循环一周，则血液在 1 小时内可循环 180 周，1 年内循环 1 576 800 周。

如果一个人活80年，那么，血液共在体内循环12 614.4万周！

五官的数字

每只眼睛约含1.2亿个视杆细胞，它给人以黑、白视觉，还含有700万个视锥细胞，它为人提供色觉，形成“彩色”则是人脑综合处理的结果。在夜间理想条件下，站在山顶上可清晰地看到80千米以外的火柴光焰。人眼可以辨别超过800万种深浅不同的色调。当人的眼睛发现一个物体，再将其信号送到大脑辨识，所需的时间为0.05秒。人眼一年中上下左右的运动至少有3 600万次，而眼皮开合有9 400万次。

耳朵位于眼睛后面，它具有辨别振动的功能，能将振动发出的声音转换成神经信号，然后传给大脑。在脑中，这些信号又被翻译成我们可以理解的词语、音乐和其他声音。我们的耳朵中有10万个听觉神经细胞，它将大小声音调节后，清晰地传至脑部，使人能分辨出各种声音，人耳对2 000 ~ 5 000赫兹的声频最敏感，巧合的是婴儿的哭声频率恰好在这个范围内。

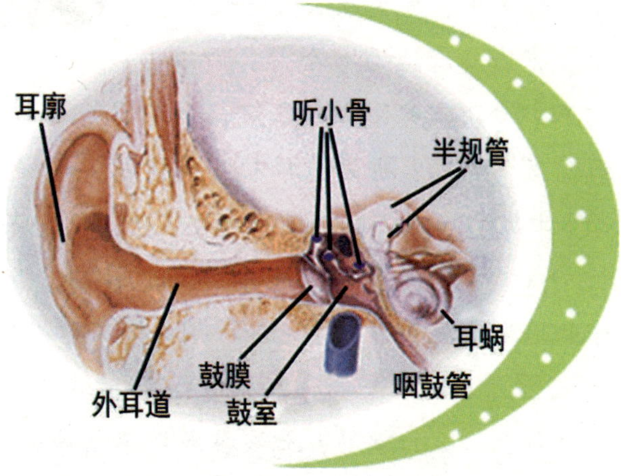

▲人的耳朵

鼻子是我们漂亮脸蛋上最凸出的器官。它主要有两个功能：首先，它是呼吸器官的大门，新鲜空气由此而入，废气也由此而出。另外，它还是唯一的嗅觉器官，对于绝大多数人而言，从30岁至死亡，他的鼻子还要长15%左右。人鼻里约有1 000万个嗅觉细胞，平均每个能嗅出4 000种气味，个别香水鉴别专家最多可嗅出1万种气味。

舌头掌管着我们的味觉，舌头由17块肌肉组成，所以异常灵活。灵巧的舌头，实际丈量起来也不小，长9厘米，重50克。我们的舌头上布满了味蕾，约有1万个，每个味蕾带有50个味细胞，有500种不同的味觉。人在品尝食物时，会动用到舌头上的9 000个味蕾。

睫毛的数字

细长、弯曲、乌黑、闪动而富有活力的睫毛对眼型美，甚至对整个容貌美都具有重要的作用，它已成为人类、尤其是女性面部重要的修饰部位之一。睫毛有一个更为重要的功能，即它是眼睛的第二道防线，任何东西接触眼睛都要先碰触到睫毛，从而立刻产生条件反射闭眼以防止眼睛受到伤害。睫毛还能有效地遮光，防止灰尘等异物进入眼内，对眼球进行保护。研究发现，人的眼睫毛长约6至12毫米，上眼睑有100至150根，下眼睑有50至75根。眼睫毛会不断更新，它的平均寿命是3至5个月。

肌肉的数字

人体的肌按结构和功能的不同可分为平滑肌、心肌和骨骼肌三种，平滑肌主要构成内脏和血管，具有收缩缓慢、持久、不易疲劳等特点；心肌构成心壁；两者都不随人的意志收缩，故称不随意肌。骨骼肌分布于头、颈、躯干和四肢，通常附着于骨，骨骼肌收缩迅速、有力、容易疲劳，可随人的意志舒缩，故称随意肌。

骨骼肌是运动系统的动力部分，在神经系统的支配下，骨骼肌收缩，牵引骨产生运动。人体骨骼肌共有600多块，分布广，约占体重的 40%。它们大大小小、长长短短、能伸能缩、配合默契，为人的每一个动作提供动力，因此有人把肌肉称为人体的发动机。如果全身的 3 亿根肌肉纤维朝一个方向一起收缩，则会产生 25 万牛顿的力，抵得上 1 部起重机所能提起的重量。而我们的十根手指，根本没有肌肉。人微笑的时候，牵动 17 根脸部肌肉，皱眉时牵动肌肉 43 条。

皮肤的数字

皮肤是我们身体表面包在肌肉外面的组织，它是人体最大的器官，主要承担着保护身体、排汗、感觉冷热和压力的功能。皮肤覆盖全身，它使体内各种组织和器官免受侵袭，同时防止体内水分的流失。关于皮肤的数字又有哪些呢?

皮肤总重量占我们体重的 5% ~ 15%，总面积为 1.5 ~ 2 平方米，厚度因人和因部位而异，为 0.5 ~ 4 毫米，每平方厘米皮肤平均由 200 万个细胞组成，内含 1 600 条神经及 40 厘米长的血管。人体皮肤表面在 6.5 平方厘米的面积内，有 3 200 万个细菌在蠕动，附在人体表面的细菌——大约有 1 000 亿个，相当于全球人口总数的 20 倍。一个体格健壮的成年男性，在 1 小时内约有 60 万个皮肤细胞脱落，1 年内细胞脱落的总重量为 0.7 千克，至 70 岁时，失去皮肤细胞总重量约 50 千克。

拓展链接

测量自己心脏和大脑的体积

心脏和大脑都是我们人体最为重要的两个器官。你知道它们的大小吗? 研究表明，人体的心脏大约和自己的右拳差不多大，而人的大脑大约是并拢双拳的大小。看来，我们可以通过测量自己的拳头的体积，来了解心脏和大脑的体积。填出你设计的测量步骤，并动手算一算吧。

4 人生格言与数学

引 言

数学不仅可以用来表达和研究科学，更可以精确地描写人生。有很多用言简意赅的“数学”（数字、数学符号和数学式子等）来表达的格言，在折射出人的性格、思想和追求等的同时，更显现出数学之美。让我们来看一看，究竟有哪些经典的数学格言呢？

探秘之旅

用数字书写的人生格言

干下去还有50%成功的希望，不干便是100%的失败。——王菊珍王菊珍是我国国家技术发明奖一等奖获得者，有着“世界钨电极女皇”美誉。1968年，王菊珍下放车间跟班劳动。钨钍电极是厂里60年代研制投产的电极材料，焊接和研究新光源的主要材料，但会造成放射性危害，经抽样检查，有1/5工人体内放射性钍的含量超出标准数倍。厂方只好立即停止了钨钍的生产，并从外国进口钨钍电极，成本提高了不说，仍不能完全摆脱钍放射的危害。

王菊珍决心要试制出没有放射性而又具有很好电子放射性能的新材料来代替。她钻研了大量文献，发现“铈”这个非放射性元素是可用之材。她带领着专门成立的研究小组进行的数次紧张的试验都失败了。这时有人说，国外科学技术那么先进，都闯不过关，我们已作了努力，停下来也无可厚非。王菊珍不为所动，她说：“干下去还有50%成功的希望，不干便是100%的失败。”于是坚持试验，一天工作10多个小时，常常连续几天。她承受过钍的放射性危害，白血球降至2000，肝肿大二指并有炎症，医生强迫她卧床休息，但她稍一恢复，又投入试验。1972年12月，终于试制成功氧化铈含量为2%～3%的钨铈新材料，成品率达80%以上。突破国外文献记载的非放射性电极材料含量大于1%时难以成材的先例，其效用提高几倍甚至百倍。

用数学符号书写的人生格言

要利用时间，思考一下一天之中做了些什么，是“正号”还是“负号”，倘若是“+”，则进步；倘若是“-”，就得吸取教训，采取措施。——季米特洛夫

1882年6月18日，季米特洛夫诞生在保加利亚拉多米尔县科瓦切夫齐村一个小手工业者家庭。季米特洛夫的父母吃苦耐劳，为人正

直。父母的性格影响了小季米特洛夫，他也想要成为一名正直的、维护工人阶级利益的、对人民有所贡献的人。他的一生是革命的一生，他成功践行了他的格言。

▲季米特洛夫

在他还只有12岁的时候，就参加了印刷厂的第一次罢工，投身于工人阶级的战斗行列。1909年7月，在党的第十六次代表大会上，季米特洛夫当选为中央委员。以后直到逝世，他一直是党的中央委员。季米特洛夫除积极从事党的组织和工会工作外，还十分活跃地从事政论工作。他写了许多小册子、文章和工人指南，发表在党和工会的几乎所有报刊上。1934年季米特洛夫当选为共产国际执委会政治书记处书记、共产国际政治委员会委员和中欧地区局领导。在季米特洛夫担任共产国际执委会总书记后，大力改进了共产国际的领导工作：解散了地区局，取消了向各党派全权代表和教导员的制度，精简了共产国际执委会的机构；加强了同各国党中央的联系。在共产国际解散后，季米特洛夫把自己的工作重心放在领导保加利亚人民的抵抗运动上。1946年9月，保加利亚举行全民投票，废除了君主制，宣布人民共和国的诞生，同年11月，季米特洛夫出任共和国第一任总理。

得益于对自身的严谨要求，季米特洛夫成为保加利亚人民的伟大领袖、国际共产主义的杰出活动家。

用公式书写的人生格言

1. A=X+Y+Z：A代表成功，X代表艰苦的劳动，Y代表正确的方法，Z代表少说空话。——爱因斯坦

据说，一个爱说空话而不爱用功的年轻人，整天缠着近代最伟

▲爱因斯坦

大的科学家爱因斯坦，要他公开成功的秘诀，爱因斯坦同意了，写下了这个公式：A=X+Y+Z，爱因斯坦对这位年轻人解释道："A 代表成功，X 代表艰苦的劳动，Y 代表正确的方法……"，"那 Z 代表什么呢？"年轻人迫切地追问，"代表少说空话！"爱因斯坦回答说。

2. 天才 = 百分之一的灵感 + 百分之九十九的汗水。——爱迪生

爱迪生是举世闻名的电学家和发明家，他除了在留声机、电灯、电话、电报、电影等方面的发明和贡献以外，在矿业、建筑业、化工等领域也有不少著名的创造和真知灼见。爱迪生一生共有约 2 000 项创造发明，为人类的文明和进步作出了巨大的贡献。爱迪生在谈何为天才时用上面这句话来概括，这也正是他如何取得光辉成就的原因所在。爱迪生一生勤奋好学，善于思考，努力工作，75 岁的时候，还每天准时到实验室签到上班，他在几十年间几乎每天工作十几个小时，晚间在书房读 3 至 5 小时书，若用平常人一生的活动时间来计算，他的生命已经成倍的延长了。

▲美国爱迪生博物馆的爱迪生画像前闪闪发光的白炽灯

爱迪生在发明灯泡的过程中，对 1 600 多种耐热发光材料逐一地进行了试验，他发现铂金丝性能最好，但铂金的价格贵得

惊人，必须找到更合适的材料来代替。1879 年，爱迪生用炭丝来做试验，结果灯泡能连续使用 45 个小时。这样，世界上第一批炭丝的白炽灯问世了。发明炭丝做灯丝后，他又接连试验了 6 000 多种植物纤维，最后发现竹丝通过高温烧焦再加工后，可以得到炭化竹丝，装到灯泡里竟然可以连续点亮 1 200 个小时。效果超过了他以前试验过的任何材料。仅仅在在发明灯泡期间，他的试验笔记簿多达 200 多本，共计 4 万余页，先后经过三年的时间，他每天工作十八、九个小时。每天清早三、四点的时候，他才头枕二三本书，躺在实验用的桌子上面睡觉。有时他一天在凳子上睡三四次，每次只睡半小时。

用几何图形书写的人生格言

如果用小圆代表你们学到的知识，用大圆代表我学到的知识，那么大圆的面积是多一点，但两圆之外的空白都是我们的无知面。圆越大其圆周接触的无知面就越多。——芝诺

▲芝诺

古希腊哲学家芝诺遇到新学生提问："老师，你掌握的知识比我多许多倍，可是为什么你对自己的解答总是有点疑惑呢？"

芝诺用手杖在沙土上面画了个大圆圈，又画了一个小圆圈，然后对学生说："大圆圈的面积代表我掌握的知识，小圆圈的面积代表你掌握的知识，这两个圆圈以外的地方就是你和我无知的部分。因为大圆圈比小圆圈面积大，因而接触的无知部分也比小圆圈多，这就是我常常怀疑自己的原因。"

拓展链接

一个人就好像一个分数，他的实际才能好比分子，而他对自己的估价好比分母。分母越大，则分数的值就越小。——列夫·托尔斯泰

时间是个常数，但对勤奋者来说，是个“变数”，用“分”来计算时间的人比用“小时”来计算时间的人时间多59倍。——雷巴科夫

在学习中要敢于做减法，就是减去前人已经解决的部分，看看还有哪些问题没有解决，需要我们去探索解决。——华罗庚

除了上面所提到的格言之外，还有许许多多用数学书写的人生格言，你还能想出一些吗？

5 足球里的数学

引言

▲足球场

足球运动是目前体育界最具影响力的团体运动，一场精彩的足球比赛，吸引着成千上万的观众，它已成为电视节目中的重要内容，而有关足球的报道也常年占据着各大报刊的篇

幅。据不完全统计，现在世界上经常参加比赛的球队约 80 万支，登记注册的运动员约 4 000 万人，其中职业运动员约有 10 万人。你知道吗，就在这样一项伟大的运动中，同样处处蕴含着数学知识。

探秘之旅

想必每位同学都曾经看过足球比赛，或多或少认识几位足球明星，但是你们仔细观察过那个小小的足球吗？最早的足球其实并不像现在这样种类繁多，那时只有一种黑白配色的样式，而上面那简洁的经典图案和精巧的几何构型也被永久地传为佳话。

▲足球

人们在设计足球之初，由于科技的落后和工艺的限制，很难做出一个圆形的球体，这样的足球在滚动过程中会不断偏离原始方向，无法保证它在一条直线上运动。对于当时的运动员来说，这始终是一件非常恼火的事情，他们很难提前判断足球运行的方向和轨迹。

为了解决这个难题，一位资深的设计师开始试图设计一种三维构型以尽量保证球的每个方向都是对称的，并且在滚动过程中对运动轨迹的影响最小。经过日思夜想和不断的尝试，他最终设计出了第一个黑白色的经典足球构型。

这种足球由黑白两种颜色的皮革缝制而成，上面所有的黑色皮块都呈正五边形，而白色皮块全部为正六边形。在每块黑皮块的周围都缝有 5 块相同的白皮块，同样的任意白皮块的各个方向均缝了 6 块相同的黑皮块。我们可以想想，假如整个足球的黑皮块数为 12，你能算出白皮块有几块吗？要是量得每块白皮块的边长为 5 厘米，则制作这样一个足球要多少面积的皮革呢?

你是不是觉得这个问题很困难，无从下手啊?其实这也是当年设计师制作足球时碰见的难题，让我们一起来解决吧。每块黑皮块有5条边，那么12块黑皮块共有5×12=60条边，观察发现每块白皮块均有3条边与黑皮块缝在一起，因此白皮块数共有60÷3=20块。你可以找一个这样的足球数一数，它确实是有20块白皮。那一个足球到底需要多少面积的皮革呢?利用上面计算的结果知道，整个足球的面积就是20个边长为5厘米的六边形和12个边长同样是5厘米的五边形的面积之和，结果得到1 815平方厘米。现在你是不是也可以自己设计足球啦?

在足球运动中，除了比赛本身，其他许多规则和分组抽签同样是这项运动的魅力所在，带给人们无限的悬念和激情。

遥想2002年的世界杯，因为中国队这个世界上球迷数最多的国家队的参加而倍受关注。在当年的小组赛分组抽签时，亿万中国人守候在电视机旁，猜测与期待浮现在每个人的脸上和心中，让我们现在也来回忆一下当时的情景：经过各大洲激烈的预选赛，每届世界杯足球赛都会从中挑选出最优秀的32支队伍参加最终的决赛阶段比赛。这32支国家队将按照排名被分成4个档次，

▲中国足球队

每个档次分别有 8 支队伍。因为 2002 年世界杯东道主是韩国和日本，所以它们直接分在了 D 组和 H 组，不参加抽签。另外的 6 个种子队将分别抽到其余 6 个小组中的一个，剩下的 24 支队伍分为 3 个档次，也会通过抽签被分在 8 个小组中，并且每个小组中只能有一支同一档次的球队。你知道一共有多少种抽签结果吗？

通过数学的概率论原理，可以知道第一档的 6 个队必须分在剩下的 6 个组中，每个组有一支队，第二档的 8 个队要分在 8 个小组中，每个组也是一支队，第三档、第四档与第二档的分配方式一样。那么这样算来最后的结果简直就是一个天文数字，所以之前肯定没有人能预测出正确的结果，这样的抽签方式也带给人们无限的遐想。

最后的结果是第三档的中国队和第一档的巴西队、第二档的土耳其队和第四档的哥斯达黎加队同分在一组，最终我们也看见了中国与巴西队的世纪大战。但是它发生的概率又是多少呢？分析可知，假如巴西队被分到任意一个小组中，土耳其队、中国队、哥斯达黎加队分别也分到这一组的概率都是 1/8，最后合成概率（它们的乘积）为 1/512。也就是说我们只有 1/512 的概率可以看见这样的精彩赛程，这是多么神奇的一件事情啊！

了解了上面这么多的足球趣事和其中蕴含的数学道理，你是不是对这项运动的认识又更进了一步呢？你是不是也爱上了这项激情四射的运动呢？

拓展链接

你喜欢足球吗？你知道它的起源吗？你知道中国古代就有很多足球明星吗？

足球运动是一项古老的体育活动，源远流长。最早起源于中国古

▲蹴鞠游戏

代的一种球类游戏叫“蹴鞠”，汉唐两代是中国古代足球最兴盛的时期，同时也发展成为直接对抗的竞赛。汉代的蹴鞠主要是训练士兵的一种手段，也制定了较为完备的体制。如专门设置了球场，规定为东西方向的长方形，场地四周设有围墙，两端各设六个对称的“鞠域”也称“鞠室”，各由一人把守。比赛中，士兵被分为两个队，互有攻守，以踢进对方鞠室的次数来决定胜负。

现代足球则是起源于12世纪的英国，到了19世纪初叶，足球运动在当时欧洲国家特别是英国及拉丁美洲一些国家已经相当盛行。1848年，足球运动的第一个文字形式的规则《剑桥规则》诞生，也标志着这项运动的规范化，极大地促进了足球运动的发展和传播。

6 最美的比

引　言

著名画家达·芬奇的旷世名作《蒙娜丽莎》可谓西方艺术界的巅峰之作，画中描绘了一位坐姿优雅、笑容微妙的妇女肖像，背景山水幽深茫茫，淋漓尽致地发挥了达·芬奇那奇特的烟雾状“无界渐变着色法”般的笔法。为了使人物的丰富内心感情和美丽的外形达到巧妙的结合，达·芬奇对于人像面容中眼角唇边等表露感情的关键部位，特别着重掌握了精确与含蓄的辩证关系，达到恰如其分的神韵之境，从而使蒙娜丽莎的微笑具有一种神秘莫测的千古奇韵，那如梦似的妩媚微笑，也被后人称为“神秘的微笑”。而造就这一切的可能就是画像中那无处不在的黄金分割比。

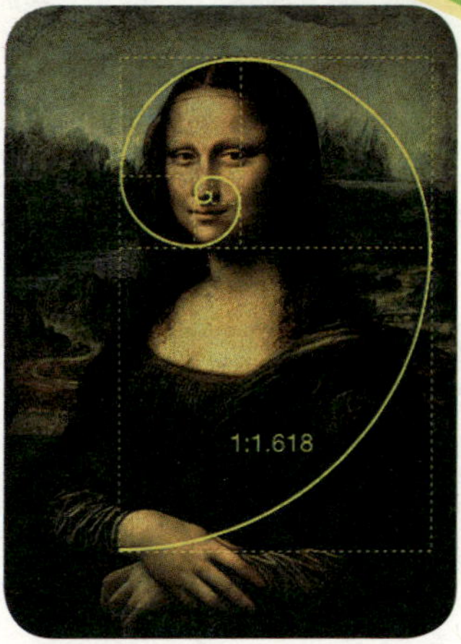

▲蒙娜丽莎身上的黄金分割

探秘之旅

首先我们一起来画一张简单的几何图形，如下图，最外面是一个直角三角形，并且 AB 边长为 BD 边长的两倍。接下来我们用圆规以 BD 边长为半径，点 D 为圆心作圆交线段 AD 于 E 点。然后又以 AE 边长为半径，点 A 为圆心作圆交 AB 边于 C 点。假设 AB 边长为 1，你能计算出 AC 的长度吗？

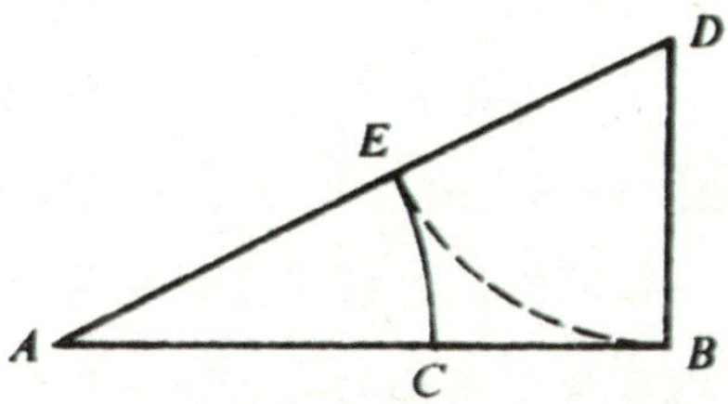

按照上面的叙述，利用简单的几何关系就可以得到 $ED=BD=AB/2=1/2$，又因为 $AD=\sqrt{AB^2+BD^2}=\sqrt{1^2+\left(\frac{1}{2}\right)^2}=\frac{\sqrt{5}}{2}$，于是我们可以得到 $AC=AE=AD-ED=\frac{\sqrt{5}}{2}-\frac{1}{2}=\frac{\sqrt{5}-1}{2}$。如果将结果写为小数又是多少呢？结果约等于 0.618，而这个被认为是最具有审美意义的比例数字，也是最能引起人美感的比例，因此被称为黄金分割比。

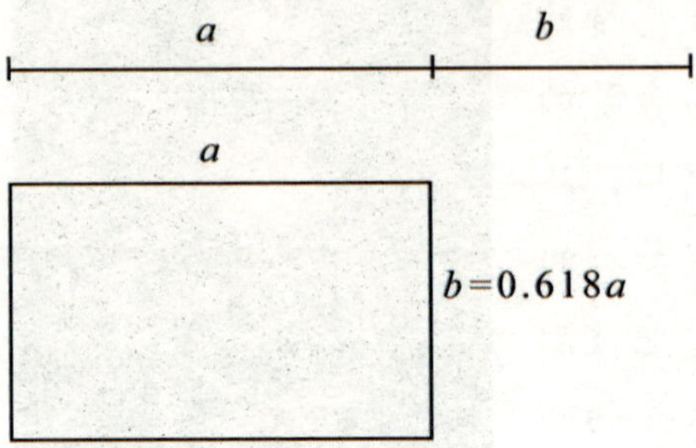

▲黄金矩形

关于黄金分割比的起源在数学界和艺术界都存在着很多传说。最早可以追溯到公元前6世纪的古希腊，当时极富影响力的毕达哥拉斯学派曾经研究过正五边形和正十边形的作图，鉴于当时的尺规作图方法，现代许多数学家推断那时毕达哥拉斯学派已经触及甚至掌握了黄金分割的方法。

而到了公元前4世纪，古希腊数学家欧多克索斯第一个系统地研究了这一分割问题，并建立起比例理论。他认为所谓黄金分割比例，指的是把全长为L的线段切分为两个不等长部分 a 和 b（其中 $a>b$），使其中较长的一部分 a 对于全长 L 之比，等于另一部分对 b 于该部分 a 之比，即 $a/L=b/a$，如上图。而计算黄金分割比最简单的方法，就是计算斐波那契数列1，1，2，3，5，8，13，21，…中二数之比2/3，3/5，5/8，8/13，13/21，…的近似值，采用数列中越大的相邻两数的比值，得到的结果就越接近黄金分割比的真实值。当这两个数字趋于无穷时，我们就能得到理论上的黄金分割比了。公元前300年左右欧几里得撰写《几何原本》时也吸收了欧多克索斯的研究成果，进一步系统分析、论述了黄金分割，而这本著作也成为世界上最早有关黄金分割的论著。

黄金分割在文艺复兴前后，经阿拉伯人传入欧洲，并逐渐受到欧洲人的欢迎，他们将之称为“金法”。同时，黄金分割也被披上神秘的外衣，意大利数学家帕乔利称它为神圣的比例，并专门为此著书立说。德国天文学家开普勒称黄金分割为神圣的分割。而17世纪欧洲的一位数学家，甚至尊称黄金分割为“各种算法中最可宝贵的算法”。这种算法后来在印度被称为“三率法”或“三数法则”，也就是我们现在常说的比例方法。在那时人们对这个奇特而美丽的比例推崇至极，不仅在数学界，甚至对西方艺术也产生了深远的影响。

虽然黄金分割的历史悠久，但是直到19世纪，黄金分割这一名称才被逐渐推广开来。而黄金分割数本身也存在着许多有趣的性质，人类对它的实际应用非常广泛。最著名的例子就是优选学中的黄金分割法（也称为0.618法），是由美国数学家基弗于1953年首先提出的，并在20世纪70年代由华罗庚提倡在中国进行推广和应用。

每当人们提到黄金分割比这一神奇的数字，就不得不谈及它与艺术千丝万缕的联系。是它造就了艺术还是艺术造就了它我们已无从考证，但世间留下无数的精美画作、神奇建筑甚至自然万物，无不处处隐藏着黄金分割的身影，带给我们无可言喻的美丽。

▲风景照片比例

科学家们发现，黄金分割具有严格的比例性、艺术性、和谐性，蕴藏着丰富的美学价值，在工艺美术和日用品的长宽设计中，采用这一比值也更能够引起人们的美感。人类高雅的艺术殿堂里，到处都留下了黄金数的足迹，人们通过研究发现，许多名画、雕塑、摄影作品的主题，大都在画面的0.618处，艺术家们普遍认为弦乐器的琴马放在琴弦的0.618处，能使琴声更加柔和甜美。而在实际生活中它的应用也非常广泛，建筑物中某些线段的比就科学采用了黄金分割。舞台上的报幕员通常并不站在舞台的正中央，而是偏在台上一侧，尤其以站在舞台长度的黄金分割点的位置最为美观得体，报幕声音也可以更好地传播。就连大自然中的植物也有采用黄金分割的地方，如果你从一棵嫩枝的顶端向下看，就会看到叶子是按照黄金分割的规律排列着的。

除了艺术上的应用以外，黄金数 0.618 同样也为数学家们所关注，它的出现不仅解决了许多数学难题（如五等分圆周、求 18° 角的正余弦值等），而且还使生产中广泛应用的优选法成为可能。优选法是一种计算最优化问题的方法。如在炼钢时需要加入某种化学元素来增加钢材的强度，假设已知在每吨钢中需加该化学元素的质量在 1 000 ～ 2 000 克，为了选出最恰当的加入量，需要在 1 000 克到 2 000 克这个区间中进行多次试验。通常的做法是取区间的中点（即 1 500 克）作试验。然后将试验结果分别与 1 000 克和 2 000 克时的实验结果作比较，从中选取强度较高的两点作为新的区间，再取新区间的中点进行下一次试验，再比较端点，反复试验下去，直到取得最理想的结果，这种方法被称为对分法。然而这种方法却不是最快、最有效的实验方法，如果我们将实验点改为取在区间的 0.618 处而不是中点处，那么实验的次数将会大大减少。这种取在区间的 0.618 处作为试验点的方法就是一维优选法，也称 0.618 法。实践证明，对于一维筛选问题，采用“0.618 法”做 16 次试验就可以完成“对分法”进行 2 500 次试验所能达到的效果。

拓展链接

黄金分割比对人类的影响还远远不只这些，你知道吗，你的身体中同样包含着很多黄金分割，这就让我们来看看吧。

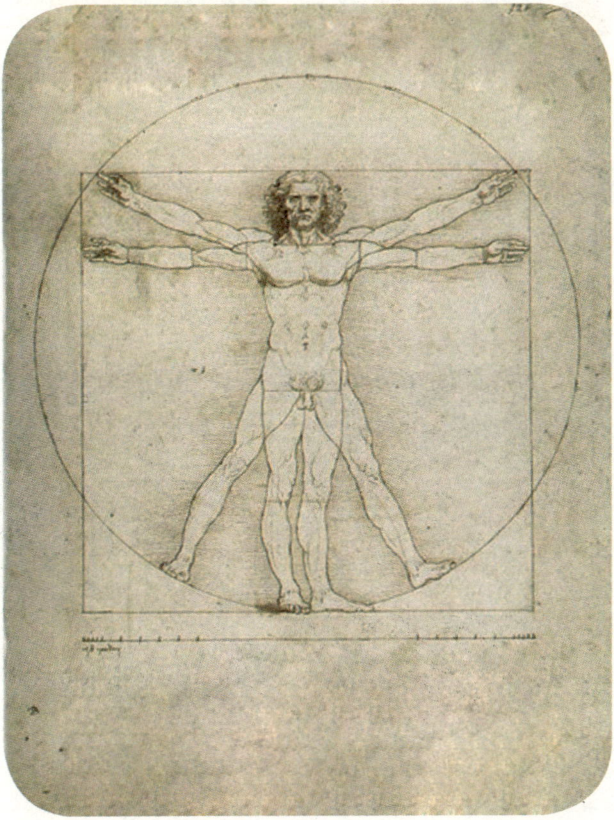

▲《维特鲁威人》

《维特鲁威人》同样是达·芬奇的一幅名作，画面中一个裸体的健壮中年男子，两臂微斜上举，两腿叉开，以他的头、足和手指各为端点，正好外接一个圆形。同时在画中还清晰可见叠着另一幅图像：男子两臂平伸站立，以他的头、足和手指各为端点，正好外接一个正方形。更具深意的是它的画名正是根据古罗马杰出的建筑家维特鲁威的名字所取，该建筑家在他的著作《建筑十书》中曾盛赞人体比例和黄金分割。

这幅完美的人体标准画像中同样蕴含了很多黄金分割比：身高除肚脐到地面的距离，肩膀到指尖距离除肘关节到指尖距离，臀部到地面距离除膝盖到地面距离都是黄金分割比。更有科学家在研究黄金分割与人体关系时，发现了人体结构中有 14 个“黄金点”（物体短段与长段之比值为 0.618），12 个“黄金矩形”（宽与长比值为 0.618 的长方形）和 2 个“黄金指数”（两物体间的比例关系为 0.618）。不得不说黄金分割比真是一个最美也最神奇的数字。

7 赌博中的数学问题

引言

俗话说十赌九输，虽然大家都知道赌博带给个人、家庭和社会巨大的危害，可是还是有很多人经不住诱惑，抱着一夜暴富、不劳而获的心理去赌博。然而他们的结局总是悲剧，不仅没有赚到钱，反而把自己和整个家庭都搭了进去。常常有赌徒感叹自己运气不好、生不逢时，然而他们始终都没明白为什么自己运气不好。我们也来探探究竟，到底十赌九输有没有道理呢？

▲赌博的工具

探秘之旅

赌博的历史可以说是源远流长了，早在3 500年以前的夏朝，就已经出现了最早的赌博游戏——六博。到了秦汉时期，赌博的种类逐渐增多，影响范围也不断扩大。唐宋时期，赌博现象几乎已经深入了社会的各个阶层。由于赌博造成社会风气的急剧败坏，增加了社会动荡不安的因素，所以历代王朝也都不遗余力地禁赌，颁发了一系列禁赌措施。可是鸦片战争之后，一些西洋赌术传入中国，导致赌博活动更加五花八门、纷繁庞杂，赌博已经成为一个严重的社会问题。

有人曾经说过赌博其实是数学家的游戏，真的是这样吗？那今天就来研究赌博的奥秘吧。

▲骰子

概率论这个著名的数学理论大家一定有所了解，它与赌博有关系吗？其实概率论最早就起源于赌博。17 世纪中叶，当时的法国宫廷贵族里盛行一种掷骰子的游戏，规则是这样的：这个游戏中分为玩家和庄家两种角色，玩家可以连续掷 4 次骰子，如果其中没有 6 点出现，玩家赢，如果任意一次出现了 6 点，则庄家赢。按照游戏规则，大多数情况下庄家总能扮演赢家的角色，而玩家都是输家，因为庄家需要靠此为生，所以当时人们也都普遍接受了这种现象。

后来为了使游戏更加刺激，规则发生了些许变化，玩家这回要用 2 支骰子连续掷 24 次，如果不同时出现 2 个 6 点，玩家赢，否则庄家赢。当时人们大都认为，2 个骰子同时出现 6 点的概率是一次出现 6 点的概率的 1/6，因此如果采用同样的抛掷次数（4 次）玩家获胜的概率将是第一种规则的 6 倍，而采用抛掷 24 次的话，赢或输的概率与以前应该是相等的。然而事实却刚好相反，庄家发现使用第二种规则时，他们总是处于输的状态。万般无奈之下，只好去请教当时的数学家帕斯卡，希望他能解释这种状况出现的原因，而由赌博产生出的这个问题也直接推动了概率论的产生。

现今赌博的种类和花样可谓五花八门，但是却有着一个共同点，它们始终保证着庄家的获胜概率远大于玩家，不论采用怎样的方式来诱惑玩家、隐藏玄机，这个数学规律总是不会改变。接下来，让我们从数学的角度来分析一下赌博中的奥秘。

目前社会上最流行也是最广泛的一种赌博方式就是买彩票了，每天都会有人因此一夜暴富，正是这些实实在在的例子驱使着无数的彩民加入这项大规模的社会博彩活动中。中大奖的梦想始终回荡在每个彩民的心中，但是多久才能轮到你呢？

我们把彩票变为一道数学题来算算。假设一种彩票每期可以发行500万张，每张面值为2元，奖项设置为：一等奖1人，奖金10万元；二等奖10人，奖金1万元；三等奖100人，奖金1 000元；四等奖1 000人，奖金100元；五等奖1万人，奖金10元；纪念奖100万人，奖金1元。每期发行过后庄家可以收入1 000万元，而需要支出的奖金总共为150万元，最后赚850万元。而其中有1/5的玩家可以获得1元的纪念奖，所以赌博热情越发高涨，殊不知庄家可以稳赚不亏，坐收渔利。

▲超级大乐透

另一种非常流行的彩票方式叫做大乐透，它的规则是这样规定的：玩家需要从01～35共35个号码中选取5个号码为前区号码，并从01～12共12个号码中选取2个号码为后区号码组合为一注彩票进行的基本投注，每注金额为2元。一等奖必须选中5个前区号码及2个后区号码，奖金为500万元。无数人为此废寝忘食，寻找其中的规律，组合着自己喜爱的数字，甚至拿着做梦时梦见的号码，兴奋地来到彩票站，投下那充满希望的7个号码，翘首期盼着自己就是下一个幸运儿。你知道他们这一注彩票中奖的概率吗？我们一起来分析一下。

通过简单的概率知识，我们知道从35个号码中选中5个号码的概率可以表示为$1/C_{35}^{5}$，从12个号码中选中2个则为$1/C_{12}^{2}$，所以这7个号码全部选中的概率就为$\frac{1}{C_{35}^{5}\cdot C_{12}^{2}}$，这又到底是多少呢？结果就是1/21 425 712，约为两千万分之一。而根据统计，每天每人出交通事故的概率远远大于这个数值，因此有人调侃买到彩票大奖的概率比被车撞上的概率还低。当然这只是一句玩笑，但是对于绝大多数彩民，中奖始终还是心中的一个梦想，他们宁愿相信这个梦想有一天能实现。

拓展链接

虽然赌博中充满了各种数学原理，但是作为一个聪明的学生，赌博对我们来说始终是非常危险的。《新华字典》中对“赌博”解释是“用斗牌、掷骰子等形式，拿财物作注争输赢”。“赌博”既然与金钱和物质相关，那参赌的人就会带着侥幸的心理步入赌场，希望能在赌场上大赚一笔。古时就曾有一首《戒赌诗》这么说：“贝者是人不是人，

▲漫画

全因今贝起祸根；有朝一日分贝了，到头做个贝戎人。”其中的“贝者”“今贝”“分贝”“贝戎”分别指的是“赌”“贪”“贫”“贼”，这也巧妙而真实地反映出了赌博的危害和后果。

▲何鸿燊

在世界著名的赌城澳门，有这样一位“赌王”名叫何鸿燊，他经营着多家赌场和规模庞大的集团。但就是这样一位赌界富豪却有一个不为人们所理解的行为，他给自己立下规矩终生不参与赌博，也不允许他的任何一位家人参赌。他说：“我从不进行赌博原因有二，其一是自己的家业已经够大，犯不着通过赌博这种方式来暴富，其二便是赌场上必定十赌九输，到头来再大的家业也能因此败光。”就连这样的“赌王”都能看清这一步，那我们当然更应该脚踏实地做人做事，永远不要沾染上赌博的恶习。

8 揭开密码的神秘面纱

引 言

好莱坞电影中我们常常可以看见，一位神秘的入侵者装备着高级的电子设备，来到紧锁的防盗门前面，在几秒钟内破译系统的密码，然后潇洒地走了进去。这个场景是不是很酷？而他是如何做到这一切的，真的能做到吗？那今天就让我们来研究神秘的密码，一同揭开它那神秘的面纱。

探秘之旅

密码就是一种用来混淆信息的技术，它希望将正常的（可识别的）信息转变为普通人无法识别的信息。然而对部分特定的人（密码使用者）来说，这种无法识别的信息是可以通过一定的技术手段再加工并恢复出原信息的。其中所采用的加密解密技术往往都包含着复杂的数学原理和公式。

密码技术其实由来已久，早在公元前405年，雅典和斯巴达之间发生了一场著名的伯罗奔尼撒战争。随着战事的进展，斯巴达军队在交战中逐渐占据了优势地位，准备对雅典都城发动最后一击。这时，原来站在斯巴达一边的波斯帝国突然改变态度，停止了对斯巴达的援助，它希望雅典和斯巴达双方在持续的战争中两败俱伤，以便自己从中渔利。而这个突然出现的情况也打乱了斯巴达的进攻计划，他们急需摸清波斯帝国的下一步具体行动计划，以便采取新的战略方针。正在这时，斯巴达军队捕获了一名从波斯帝国回雅典送信的雅典信使。斯巴达士兵仔细搜查了这名信使，可是除了从他身上搜出一条布满杂乱无章的雅典字母的普通腰带外，别无他获。情报究竟藏在什么地方呢？斯巴达军队统帅莱桑德只能把注意力集中到了那唯一的线索——腰带，他相信情报一定就隐藏在那些看似普通的字母之中。每天他都会反复琢磨研究这些天书似的文字，把腰带上的字母用各种方法重新排列组合，却怎么也解不出来。最后，莱桑德也对此失去了信心，他一边无奈地摆弄着那条腰带，一边思考着采用其他途径获取情报。而当他无意中把腰带呈螺旋形缠绕在手中的剑鞘上时，奇迹出现了。原来腰带上那些杂乱无章的字母，竟组成了一段情报文字。就在这份波斯信使送给雅典的情报中，它告诉雅典，波斯军队准备在斯巴达军队向雅典发起最后攻击时，突然对斯巴达军队进行袭击。斯巴达统帅莱桑德根据这份情报马上制订了新的作战计划，先以迅雷不及掩耳之势攻击了毫无防备的波斯军队，并一举将它击溃，解除了后顾之忧。随后，斯巴达军队回师征伐雅典，终于取得了战争的最后胜利。

这种腰带密码的通信方式就是最早的密码雏形，后来许多先进的密码算法也是根据这种思路设计的。

密码学这个神秘的学科从最早的军事用途，逐渐发展到如今，已广泛应用于社会的各个方面，特别是电脑的发明和普及，促使更加先进的数字加密系统层出不穷，密码学也开始占据越来越重要的地位。而密码学与数学密不可分的关系反过来也为数学各种新理论、新算法的出现创造了条件。

在密码学中，消息被称为明文，用某种方法伪装消息以隐藏它的内容的过程称为加密，加了密的消息称为密文，而把密文转变为明文的过程

▲钥匙

称为解密。解密的过程往往需要一段特殊的消息，这段消息就叫密匙，就像我们开锁用的钥匙一样，当你授权获得密匙以后，就可以通过已知的数学算法完成解密获取信息了。理论上讲，任何加密技术都可以被破解，只是破解的难度和计算得到正确密匙的概率不同而已，所以这便有了电影中的那一幕，入侵高手破译密码而闯入。

我们从密匙的类型可以将加密方式分为私钥加密和公钥加密两种。顾名思义，私钥加密就是指使用者采用自己私有的密匙对信息进行加密和解密，整个过程就像我们用自己的钥匙开自家的门一样，只要你获得了这把私有的钥匙，那么就可以随心所欲地开关这扇门了。在信息的传送过程中，发信者采用私钥对信息进行加密，接收者收到密文以后同样采用这把私钥进行解密，最后获得明文信息。上文中讲述的故事正是私钥加密的一个很好的例子。

而随着技术的发展，人们发现私钥加密也有一些缺点，其中最大的问题就在于人们不能保证密匙传输的安全性，当传输信号被别人窃取以后，那他也可以用这个密匙来解密信息。为了更好地适应新的应用场合，人们又发明了一种新的加密方式，叫做公钥加密。在公钥加密系统中其实包含有公用密匙和私有密匙两把密匙，它们是相互对应的，用其中一个密匙加密的信息只能用对应的那个密匙才能解密。信息的接收者首先生成两把对应的密匙，然后将一把留给自己保存作为私有密匙，另一把传送给发信者作为公用密匙，当发信者收到公用密匙以后就可以对信息进行加密并发送出去了，而私有密匙只有接收者才有，也就是只有接受者才能对密文进行解密，这样就避免了私有密匙流出而被人窃取。

同样，在电子商务中流行的数字认证公钥加密方式也有着不可取代的优势。与信息加密相反，数字认证并不是要让别人无法知道

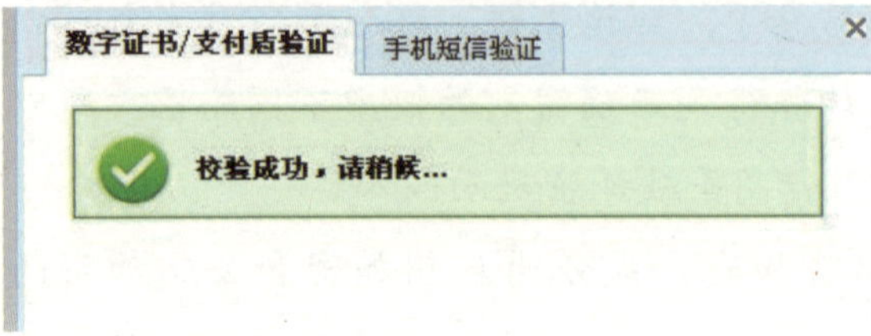

▲支付宝中的数字认证

发送者的信息，而是要确认发送者的身份，保证密文信息一定是这个发送者发出的，而且他也无法抵赖。于是人们设计了一种流程，让发送者产生两把密匙，他采用自己保留的私有密匙对信息进行加密，然后将密文和另一把公用密匙一同传送给接收方，这时接收方就可以完成解密并且确认这个密文一定是特定的发送者发出的，因为没有第二个人知道他的私有密匙，也不可能生成这份密文。

现在你是不是觉得密码已经不再那么神秘了，而其中包含的如此多的数学原理却变得那么神奇，当你学好了数学之后，说不定有朝一日你也可以成为一名密码专家。

拓展链接

学习了这么多密码知识以后，我们也来破解破解密码，你行吗？

▲北京邮电大学的“莫斯码”道路

著名的莫尔斯码是由美国人艾尔菲德·维尔发明的，当时他正在协助莫尔斯进行电报机的发明，后来由于电报机的广泛应用而使这种编码方式传播开来，最终也被命名为莫尔斯码。这种最早应用于电报的保密通信电码采用点（●）和划（—）的不同组合表示出各种数字、字母和符号，而通过查找对应的莫尔斯码表就可以从一串连续的点划中解释出发信者的信息，从而达到加密传送信息的目的，下表就是莫尔斯码对应的一些字母。

字符	电码	字符	电码	字符	电码	字符	电码
A	●—	B	—●●●	C	—●—●	D	—●●
E	●	F	●●—●	G	——●	H	●●●●
I	●●	J	●———	K	—●—	L	●—●●
M	——	N	—●	O	———	P	●——●
Q	——●—	R	●—●	S	●●●	T	—
U	●●—	V	●●●—	W	●——	X	—●●—
Y	—●——	Z	——●●				

现在我们收到一串神秘的信息“●●/●—●●/———/●●●—/●/——/●—/—/●●●●”，小小情报员们，你能破解其中的奥秘吗？

对应上表就可以翻译出这份密文的原始信息“I LOVE MATH（我爱数学）”。学习数学真是其乐无穷，就连神秘的密码在它面前也变得不再神秘。

9 电脑算命真与假

引　言

可能有不少人都玩过“电脑算命”游戏，即按要求填写自己出生的年月日和性别，然后点击开始，电脑屏幕上就会出现关于你的性格、命运等论述。这种算命结果真假如何呢？今天就让我们一起来探讨一下吧。

▲电脑算命

探秘之旅

电脑算命看起来确实很玄乎，你只要报出自己出生的年月日、时辰和性别，其他什么信息都不用，然后一按按键，电脑屏幕上就会自动出现许多关于性格和命运的推算，好像它真的认识你、了解你似的。

但实际上，这仅仅是一个普通的电脑游戏而已，我们用数学中的抽屉原理便可以很容易地说明它的荒谬。

▲狄利克雷

那抽屉原理又是什么呢？其实它是德国数学家狄利克雷为了阐明代数数域中单位数的阿贝尔群结构，而首先提出的一个原则，后来为了纪念他，将抽屉原理也称为“狄利克雷原则”。简单地说，现在桌上正好有10个苹果，而我们想要把这10个苹果放到9个抽屉里，那么无论怎样放，都会发现至少有一个抽屉里面得放2个苹果，这一直观的现象就是我们所说的“抽屉原理”。用更为普遍的叙述来表述抽屉原理的含义为：“如果每个抽屉代表一个集合，每个苹果就可以代表一个元素，假如有 $n+1$ 或多于 $n+1$ 个元素放到 n 个集合中去，其中必定且至少有一个集合里包含两个或两个以上的元素。”它是组

▲抽屉

合数学中一个极其重要的原理。

后来，数学家对这个基本定则做了推广，得到另一个复杂一些的原理：当我们试图把多于 $m \times n$ 个物体放入到 n 个抽屉里，则至少有一个抽屉中放有 $m+1$ 个或多于 $m+1$ 个物体。你能证明上述定理的正确性吗？让我们假设现在恰好有 $m \times n$ 个物体需要放入 n 个抽屉中，只要在每个抽屉中放 m 个物体就可以将物体全部放入，并且保证每个抽屉中的物体数不大于 m。而当这时又多了一个或多个物体时（即总物体大于 $m \times n$ 个），就必定会再向其中的抽屉中放入物体，那么至少会有一个抽屉中的物体数大于 m 个了。

明白了抽屉原理以后，让我们再来用科学的眼光看看电脑算命是真是假吧。首先，需要计算出电脑算命要求输入的出生的年月日、时辰和性别五个约束条件中可以出现多少种不同的情况，假设人的平均寿命为 70 年，每年有 365 天，每天有 12 个时辰（古人将一天分为 12 个时辰），人的性别数为 2，那么约束条件中一共包含有 $70 \times 365 \times 12 \times 2=613\ 200$ 种不同的情况，而现在我国人口数量约为 14 亿。然后，我们应用刚刚学习的抽屉原理发现，那么每种情况（即相当于每个抽屉中）必须至少包含 22 830 个人，也就是说全国将会有 22 830 个人得到相同的结果，即具有相同的命运。我们都知道世界上没有两片完全相同的树叶，不同的人，命运也会不一样。电脑算命的结果岂不是很荒谬吗?

然而为什么电脑算命还是这么吸引人呢，它到底是怎么设计的呢?

众所周知，电脑的特点就是运算速度快、存储容量大，对于处理高重复性的繁琐任务相比人脑而言具有很大优势。然而电脑虽能处理复杂的任务，但是它的“智商”还是远远不如我们的大脑，人工智能同样远不如人脑所能达到的程度。所以，电脑程序想要完成任何一个任务，都必须让人来告诉它每一步该如何做，如果是计算性的问题，则必须告诉它每一步的计算公式，电脑其实只负责照章办事。

开发算命程序的人，首先会将许多算命书上的信息录入电脑的数据库中，然后根据生辰八字的说法定义好各种规则，每种规则对应数据库中一条或者几条文字语言。当使用者按要求输入了出生年月日、时辰、性别等信息以后，电脑便按照事先约定的规则生成他的生辰八字，接着依据八字中的天、干、地、支逐条在数据库中进行快速的搜索和匹配，当匹配成功以后，就在屏幕上打印出原来存入的信息，完成一次算命的过程。根据每个人输入信息的不同，匹配出的信息自然也不同，因此很多人误以为算命程序真的可以预测未来。

你知道吗，早在春秋战国时代，齐国上大夫晏子便已经可以熟练地运用抽屉原理了，也正是他治国有方，齐国成为春秋五霸之一。

▲晏子的计谋

齐景公时期在齐国有三位勇士，一个叫田开疆、一个叫公孙捷、一个叫古冶子，号称“齐国三杰”。他们个个勇武异常，深受齐景公的宠爱，但却恃功自傲。当时齐国的田氏势力越来越大，直接威胁着国君的统治。而田开疆正属于田氏宗族，相国晏子担心“三杰”为田氏效力，屡次建议景公除掉“三杰”以除后患，但景公爱惜勇士，没有表态。

一日鲁昭公访问齐国，齐景公设宴款待，“齐国三杰”佩剑立于堂下，态度十分傲慢。此时晏子突然心生一计，决定借机除掉这三个心腹之患。

当两位君主酒至半酣时，晏子道：“我听说园中桃子已经成熟，摘几个请二位国君品尝吧？”齐景公大悦，立即传令派人去摘。晏子忙说：“这园中的金桃非常珍贵，还是臣亲自去吧。”不一会儿，晏子带着园吏，端着玉盘献上六个桃子。只见盘中盛放的桃子，个个硕大新鲜，桃红似火，香气扑鼻，令人垂涎。他于是将鲜桃献给鲁昭公和齐景公一人一个，鲁昭公边吃边夸桃味甘美。景公说：“这桃子实在难得，鲁国叔孙大夫天下闻名，当吃一个。”叔孙连忙谦让道：“我哪里赶得上贵国晏大夫呢？相国内修国政，外服诸侯，功劳最大，这个桃子应该他吃。”齐景公见状，便说道：“既然二位谦让，那就每人饮酒一杯，食桃一个吧！”两位大臣谢过齐景公，各吃桃一枚。

这时，盘中还剩下两个桃子。晏子于是说道：“这还有两个桃子，不如请君王传令群臣，谁的功劳大，谁就吃桃，如何？”齐景公觉得这个想法不错，于是传令下去。谁知话音刚落，公孙捷率先走上前来，拍着胸膛说：“有一次我随国君打猎，突然从林中蹿出一头猛虎，是我冲上去，用尽平生之力将虎打死，保护了国君。如此大功，还不应该吃个金桃吗？”晏子听后说：“冒死救主，功比泰山，当赐桃一个。”公孙捷饮酒食桃，站在一旁，十分得意。

古冶子见状，忙喝道：“打死一只老虎有何稀奇！当年我送国君过黄河时，一只大鼋兴风作浪，咬住了国君的马腿，一下子把马拖到急流中去。是我跳进河中，舍命杀死大鼋，保住了国君的性命。这样的功劳，该不该吃个桃子？”景公说：“当时黄河波涛汹涌，要不是古将军斩鼋除怪，我的命早就没了。这是盖世奇功，理应吃桃。”晏子把最后一个桃子送给了古冶子。

这时，一旁的田开疆眼看见桃子分完了，急叫道：“当年我奉命讨伐徐国，舍生入死，斩其名将，俘虏无数，吓得徐国国君俯首称臣，就连邻近的郯国和莒国也望风归附。如此大功，难道就不能吃个桃子吗？”晏子说：“这样看来，田将军的功劳当然高出公孙捷和古冶子二位，然而桃子已经没有了。”田开疆手按剑把，难抑愤怒道：“打虎、杀鼋有什么了不起。我南征北战，出生人死，反而吃不到桃子，在两位国君面前受到这样的羞辱，我还有什么面目站在朝廷之上呢？”说罢，挥剑自刎。公孙捷见状大惊，拔出剑来，说道：“我因小功而吃桃，田将军功大却吃不到。我还有什么脸面活在世上？”说罢也自杀了。古冶子沉不住气了，大喊道：“我们三人结为兄弟，誓同生死，亲如骨肉，如今他俩已死，我如果苟活，于心何安？”也拔剑自刎。

就这样，晏子不费吹灰之力就消除了心中之患，二桃杀三士不正是抽屉原理的成功应用吗？

拓展链接

有这样一道题：我们知道每副扑克牌有54张，那么你能算出最少要抽取几张牌，才能保证其中至少有2张牌有相同的点数呢？

扑克牌的点数共有1(A)、2、3、4、5、6、7、8、9、10、11(J)、12(Q)、13(K)、大王、小王，一共15种，我们每种取1张，取出的15

▲扑克牌

张牌中，一定没有两张相同点数的牌。这样，如果任意再取 1 张的话，它的点数必为 1 ～ 13 中的一个（大王、小王都只有一张），于是就可以保证有 2 张点数相同。

10 家务中的大学问

引　言

同学们，你在家勤快吗？平常会做一些力所能及的事吗？比如洗碗、洗衣服、扫地、拖地这些家务活。别看这小小的家务活非常简单，要真想把它们做好也不是很容易的。都说能干的家庭主妇是一个数学家，为什么别人可以把家务做得很好而自己却不行呢？那今天我们就来研究一下其中到底包含了什么高深的数学道理吧。

▲妈妈做家务

探秘之旅

每天在家中总能看见母亲勤劳的身影。早上起床时，妈妈就把热腾腾的面包和牛奶摆在了餐桌上；中午、晚上妈妈还要准备一家人的饭菜；当然还有扫地、拖地、洗衣、买菜、浇花等等事务。如此多的家务活我们想着都头晕，为什么母亲总能把它们安排得井井有条、忙而不乱呢？不得不佩服母亲的耐心和智慧，但是这同样也要归功于数学中最实用的一个分支——统筹学。

统筹学主要研究如何在实现整体目标的全过程中施行统筹管理的有关理论、模型、方法和手段，是数学与社会科学交叉的一个学科分支。它通过对整体目标的分析，选择适当的模型来描述整体的各部分、各部分之间、各部分与整体之间以及它们与外部之间的关系和相应的评审指标体系，进而综合成一个整体模型，用以进行分析并求出全局的最优决策，以及与之协调的各部分的目标和决策。

著名数学家华罗庚就对统筹学做过比较系统的研究，并且十分推崇这种管理科学。他说生活中处处都有统筹学，不会统筹，要乱方寸，什么也干不好。华罗庚曾经用喝茶来讲述了生活统筹安排的重要性。

▲沏茶

生活中经常需要沏茶。如果当时的情况是：没有开水，开水壶、茶壶、茶杯都要洗，还需要准备茶叶，应该怎么安排？

办法甲：先做好准备工作，洗开水壶、茶壶、茶杯，拿茶叶。一切就绪后，灌水，烧水，等水开了泡茶喝。

办法乙：洗净开水壶后，灌水，烧水。等水开了之后，洗茶壶、茶杯，拿茶叶，泡茶喝。

办法丙：洗净开水壶后，灌水，烧水。利用等待水开的时候，洗茶壶、茶杯，拿茶叶，等水开了泡茶喝。

哪种办法节省时间？显然是办法丙，因为前两种办法都"窝工"了。

事实上，洗开水壶是烧开水的先决条件；没开水，没茶叶，不洗茶壶、茶杯，就不能泡茶，因而这些都是泡茶的先决条件。而烧开水，洗茶壶、茶杯，拿茶叶没有严格的先后关系。

假设洗开水壶需要1分钟，把水烧开需要10分钟，洗茶壶、茶杯需要2分钟，拿茶叶需要1分钟，而泡茶需要1分钟。可以看出，办法丙总共要12分钟（而办法甲、乙需要15分钟）。如果要缩短工时，提高效率，主要是烧开水这一环节，而不是拿茶叶这一环节。洗茶壶、茶杯，拿茶叶总共需要3分钟，完全可以利用"等水开"的时间来做。

这个小小的故事不仅浅显易懂地讲述了统筹学这个复杂的理论，而且让我们看见生活中处处有学问，泡茶这样简单的一件事也可以衍生出这么多的办法，如果让我们自己来做，你能找到最简便、省时的做法吗？

▲妈妈在干家务

我们再来看看母亲每天辛勤劳作的家务活，其实这都是一些非常琐碎繁杂的小事，然而一大堆小事结合到一起就产生许多的组合，到底应该如何选择才能省时省力、让自己让家人都不为这些家务所累呢？下面这是一位妈妈的家务日记。

周末在家做饭，采用统筹学精心规划，总共用时 18 分钟，完成两菜一汤，有饭有肉，时间之短创下我的最新记录。

开始首先淘米，放入电饭煲中烹饪；然后用电热壶烧水；接下来用淘米水洗第一道需要的蔬菜；洗完之后，立即热锅、热油，同时切菜；油热时，菜也正好切完，开始大火炒菜；趁着盖上锅盖焖热的时候，洗第二道需要的菜；第一道菜熟，不用关火，迅速盛出装盘后，倒入油；热油过程中，切好第二道菜；同样，趁着第二道菜未熟时，洗做汤用的菜。

当第二道菜熟的时候，热水刚刚烧好了。仍然不用关做菜的火，盛出第二道菜，接着将热水倒入锅中准备做汤。趁水沸腾前，切腊肠，将其放入电饭煲中。由于用的是热水，水很快就滚了，这时做汤。

汤好之时，饭和腊肠基本上也熟了。腊肠的味道沁入米饭中，甚是喷香。

做饭本是一件枯燥的家务，但我用统筹学的方式让它变得如此有趣，而完成之后也更加富有成就感，这就是小事中的大学问。

俗话说：“一屋不扫，何以扫天下？”其实要想扫好一屋并不是那么容易的，同样需要认真思考、耐心琢磨，与扫天下可谓有异曲同工之妙。在当今社会经济快速发展的时代，人们工作和生活的节奏越来越快，统筹学的应用价值不断提升，各行各业都开始学习借鉴这种先进的科学来改进落后的管理工作方式。整个人类也进入了一个统筹管理的新时代。

小到一个家庭，大到一个国家，统筹的概念无处不在。国民经济是一个庞大的系统，对其各类关系必须进行全面的分析，从整体出发，才能进行有序的管理。但是，人们面对复杂的管理对象时，往往会缺乏整体、系统的观念，因而顾此失彼，甚至“捡了芝麻丢了西瓜”。这样就会影响管理的科学性、有序性。而统筹学正是为解决这些管理难点而产生的。

统筹学把“人、时、空”看作统一体，并作为管理对象的实践活动的核心。这是根据管理实践活动是依据“人、时、空”的统一状况而进行的。在这个统一体中，时间是流动的，空间是固定的，而人总是通过对时间的把握去获取空间。只要人们正确地选择时空条件，抓住机遇，适时调整产业结构，适应市场的需要，则可实现其价值形态的现实转化。

统筹学考虑管理对象问题时，必须兼顾方方面面，从而在客观前提上实现“人、时、空”的统一，在组成、组织上实现相容性和事业取向的统一，在价值效应上实现成功、优化、良性循环的统一，在操作对象上实现主体、客体、环境的统一。之所以把主体纳入考察的范畴，并把主体、客体、社会、环境组成的统一体作为整体研究的管理对象，从根本上讲是要激发管理者的智力，真正实现权力、智力的统一，发挥智力（知识）的杠杆作用。

小小的家务中居然有这么大的学问，只要你勤于思考，总可以发现其中神奇的数学道理。让我们也来运用统筹学规划学习生活，看看能不能达到事半功倍的效果吧。

拓展链接

1969 年 7 月 20 日，阿姆斯特朗第一个将人类的脚印留在了遥远

▲阿姆斯特朗登月

的月球上，他说“这是我个人的一小步，但却是人类的一大步”。那是一个多么激动人心的时刻，然而在它背后的故事同样十分精彩。

“阿波罗”登月计划是一项浩大而复杂的工程，它的全部任务分别由地面、空间和登月三部分组成，不仅涉及火箭技术、电力技术、冶金和化工等多种技术，为把人安全送上月球，还需要了解宇宙空间的物理环境以及月球本身的构造和形状。这项工程耗资300亿美元，研制零件有几百万种，共有两万家企业参与，涉及42万人，历时11年之久。为完成这项工作，总体规划部门除了考虑每个部门之间的配合和协调工作外，还要估计各种未知因素可能带来的种种影响，以及如何面对这些千头万绪的工作，千变万化的情况。正是由于他们运用了一种科学的统筹管理方法，综合考虑了各种因素，才最终克服一切困难，成功完成人类历史上最伟大的登月计划。

11 富兰克林的遗嘱与拿破仑诺言

引　言

爱因斯坦说，复利是世界上的第八大奇迹。复利有这么厉害吗？到底什么是复利？复利是与单利相对应的经济概念，单利的计算不用把利息计入本金，而复利恰恰相反——利息要并入本金中重复计息。

比如你现在在银行存入 100 元钱，年利率是 10%。那么一年后，无论用单利还是复利计算利息，利息都是 10 元，本息合计都是 110 元。但是到了第二年差别就出来了：如果用单利计算利息，第二年的计息基础仍然是 100 元，利息仍然为 10 元，加上第一年的利息，本息和为 120 元；如果用复利计算，第二年的计息基础变为 110 元，一年下来的利息为 11 元，本息合计就变成 121 元了。如果你现在存入的钱还多一些，存的时间还长一些，利息差距就更大了！

▲计算利息

下面让我们来听两个故事，看看复利究竟有多大的魔力吧。

听故事学数学

富兰克林的遗嘱

富兰克林是美国历史上第一位享有国际声誉的科学家、发明家

▲富兰克林

和音乐家。他是美国第一位学者、第一位哲学家、第一位驻外大使。他发明了口琴、摇椅、路灯、避雷针；他被称为近代牙科医术之父；他创立了美国民主党；为反抗英国的殖民统治，他多方奔走而奋斗；他参加起草了《独立宣言》和美国宪法，积极主张废除奴隶制度，深受美国人民的崇敬。

他一生乐善好施，因而并没有积攒下多少财富。但是他可是一位精明的商人，他在临终时留下了一份非常有趣的遗嘱：要将他留下的 1 000 英镑作为 200 年的公众开支。

遗嘱里这样写道："……1 000 英镑赠给波士顿的居民，他们要挑选出一些公民出来管理这笔钱。这些公民得把这些钱以每年 5% 的利率借给一些年轻的手工业者去生息。过了 100 年，这些钱会增加到 131 000 英镑。那时候，我希望用 10 万英镑来建立一座公共建筑物，剩下的 31 000 英镑拿去继续生息。再过 100 年，这笔钱会增加到 4 061 000 英镑。其中，1 061 000 英镑还是由波士顿的居民来支配，而其余的 3 000 000 英镑让马萨诸塞州的公众来管理。过此之后，我可不敢多作主张了！"

富兰克林的遗嘱是不是有些奇怪呢？明明只有 1 000 英镑的财产，竟然立下了几百万英镑的财产分配遗嘱。是富兰克林在信口开河，还是真的有可能呢？

让我们一起来试着计算一下：

假设我们有 m 英磅，按照 5% 的利率去生息，一年后我们会有多少英镑呢？显然，得到的利息为 $m\times 5\%$。加上本金 m 英镑，一年后

▲钱生钱

我们可以得到 $m+m\times5\%=m(1+5\%)$ 英镑。

第二年时，我们把这 $m(1+5\%)$ 英镑再按照 5% 的利率去生息，1 年后可以得到：$m(1+5\%)(1+5\%)=m(1+5\%)^2$ 英镑。

那么第三年呢？我们同样把这 $m(1+5\%)^2$ 英镑再按照 5% 的利率去生息，一年后可以得到：$m(1+5\%)^2(1+5\%)=m(1+5\%)^3$ 英镑。

以此类推下去，100 年后我们可以得到 $m(1+5\%)^{100}$ 英镑。

富兰克林只留下了 1 000 英镑，那么 100 年后可以得到 $1\,000(1+5\%)^{100}$ 英镑。计算一下，$1\,000(1+5\%)^{100}=131\,501$ 英镑，比遗嘱中写的还多出 501 英镑呢！

花掉 10 万英镑后，剩下的 31 501 英镑拿去继续生息 100 年的话，又可以得到 $31\,501(1+5\%)^{100}=4\,142\,421$ 英镑！

如此看来，富兰克林确实是有科学根据的，确实留下了一只会生“金蛋”的鸡！

拿破仑诺言

▲拿破仑

1797 年，拿破仑携新婚妻子约瑟芬参观了卢森堡大公国第一国立小学，受到学校师生的热情款待。辞行前，拿破仑送给该校校长一束价值 3 个金路易的玫瑰花，并许诺只要法兰西共和国存在一天，他将每年送一束价值相等的玫瑰花，以作两国友谊的象征。

事过境迁，由于连年征战，疲于政治斗争

的拿破仑把这事儿给忘得一干二净了。但是卢森堡却牢记着这一约定。1894 年，卢森堡王国郑重地向法兰西共和国提出了“玫瑰花悬案”，要求法国政府从以下两个条件中作出选择：要么从 1797 年起，用 3 个金路易作为一束玫瑰花的本金，以五厘复利记息结算，清偿这笔玫瑰花外债，共计 1 375 596 法郎；要么让法国各大报纸公开承认拿破仑是个言而无信的小人。

为了一代伟人拿破仑的声誉，法国政府决定支付这笔巨款。不过这时候有人指出，如果法国支付了这笔玫瑰花外债，就等于承认了拿破仑没有履行自己的诺言。最终，法国人终于想出了一个措施来解决这个问题：法国始终不渝地对卢森堡大公国的中小学教育事业予以支持和赞助，去兑现拿破仑将军那一诺千金的“玫瑰花”誓言。这桩“玫瑰花公案”至此才落下帷幕。

从以上的小故事，我们可以看出：在复利效应下，微薄的财产，低廉的利率，可以变得令人瞠目结舌，这就是复利的魔力！

拓展链接

世界七大奇迹

▲埃及吉萨金字塔

埃及吉萨金字塔：大约公元前 2600 年—前 2500 年建造于埃及开罗附近的吉萨等地。是古埃及法老和王后的陵墓，是用巨大石块修砌成的方锥形建筑。

奥林匹亚宙斯巨像：宙斯是希

腊众神之神，是奥林匹亚的主神，为表崇拜而兴建的宙斯神像是当世最大的室内雕像，宙斯神像所在的宙斯神殿则是奥林匹克运动会的发源地。

阿尔忒弥斯神殿：阿耳忒弥斯神殿是古希腊最大的神殿之一，其规模超过了雅典卫城的帕台农神庙，也是最早的完全用大理石兴建的建筑之一。

摩索拉斯基陵墓：建造于大约公元前353年，位于土耳其西南地区。整座建筑由两名希腊设计师设计，外面以奇异的雕刻花纹装饰。一建成就声名远播，公元15世纪初毁于大地震。

亚历山大灯塔：这座135米高的巨型灯塔从公元前281年建成点燃起，直到公元641年阿拉伯伊斯兰大军征服埃及，火焰才熄灭。它日夜不熄地燃烧了近千年，这是人类历史上火焰灯塔所未有过的。

巴比伦空中花园：又称悬园，据说采用立体造园手法，将花园放在四层平台之上，园中种植花草树木，远看犹如花园悬在半空中。

▲巴比伦空中花园

罗德岛太阳神巨像：公元前282年在美丽的爱琴海边建成，它是希腊太阳神赫利俄斯的青铜铸像，高约33米，毁于公元前226年的一次地震中。

12 巴霍姆围地

引言

同学们在日常生活中一定见过用铁丝折出的工艺品吧？如果给你

故事中的数学

一根铁丝，把它分成几段折一折，可以折出哪些平面几何图形呢？你知道其中哪一个图形的面积最大吗？

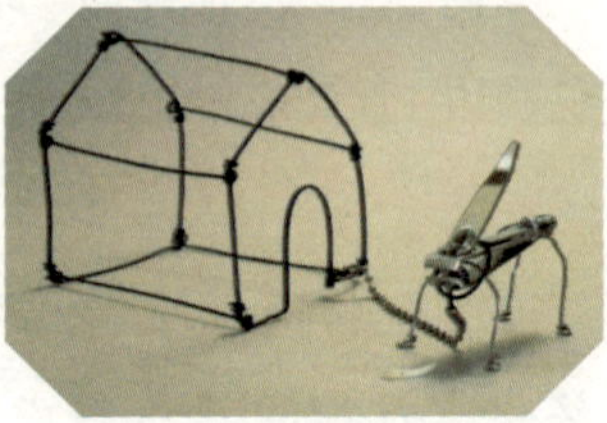

▲铁丝工艺品

故事中的数学

在解决上面的问题之前，让我们看一个有趣的故事。有一个名叫巴霍姆的人到草原上去购买土地。当谈价钱的时候，卖地的人提出了一个非常奇怪的地价：每天 1 000 卢布。这是个什么面积单位啊？一天是多大的面积？原来啊，那个卖地的人是按天出卖土地的，从日出到日落之间，你这一天所走的路围城的土地就是你的了，这个价钱是 1 000 卢布，但是在日落之前必须赶回出发点，否则的话，你就白花了 1 000 卢布，一点点土地也得不到。巴霍姆觉得这个价钱非常不错，自己的体力很好，一天应该可以走出很大一块地面来的，于是他爽快的付了钱。

第二天天还没亮巴霍姆就来到了约定的地点，把头上的狐皮帽子脱下来放在地上作为出发点的记号。太阳刚从地平线上一露面，

▲大草原

巴霍姆就大踏步地向草原走去。大约了走了 5 俄里（1 俄里 =1.066 8 千米）后觉得还很早，还只是吃早饭的时候，所以又继续向前走了 5 俄里，才向左拐去，又笔直地向前走了很久很久，觉得又走了不少的时候，

才再次向左拐弯，这时候，巴霍姆看看太阳，发现已经将近中午了，又朝出发点望了望，觉得前面的两边走的太多了，决定第三边要少走一些，走出了 2 俄里，看看天色不早了而距离出发点还有 15 俄里，不能像原先所预想的那样走出一块方地，他只好朝着出发点沿直线走去。巴霍姆就这样一直走着，已经疲惫不堪了，但是为了在日落之前赶回去，不能休息。他逐渐加快脚步，最终不得不大踏步地跑了起来。他的衣服和裤子已经被汗水完全湿透，贴到身体上了，嘴里干的冒火，胸膛里仿佛有一只铁匠用的风箱在抽着，心像铁锤般在砰砰乱敲，巴霍姆用尽了最后一丝力量，终于赶在太阳还剩一点弓形没落到地平线以下赶到了出发点。他两腿一软，急忙扑倒在地，两手刚好抓到了狐皮帽子。可这时他两眼发黑腿发软，口吐鲜血，再也站不起来了。

这个故事是俄国的大文豪列夫·托尔斯泰所写，托尔斯泰撰写这个故事的目的，是讽刺那些贪婪成性的家伙，但在这个故事里蕴涵着一个有趣的几何问题。巴霍姆这天一共走了多少路？他走过的路所围成的土地有多大面积？他到底应该如何走才能得到最大面积的土地呢？

让我们一起来看看巴霍姆这天所行走的路程。根据托尔斯泰的描述，巴霍姆这一天行走的路程构成如图所示的梯形 $ABCD$。他所走的路程为 $AB+BC+CD+DA$，只需求 BC 即可。如何求 BC 呢？我们可以作 BC 的平行线 DE，然后在三角形 ADE 中运用勾股定理，得到 DE 为 12.69 俄里，因此得到 BC 为 12.69 俄里，因此，巴霍姆这天共走了：$10+12.69+2+15=39.69$（俄里）。

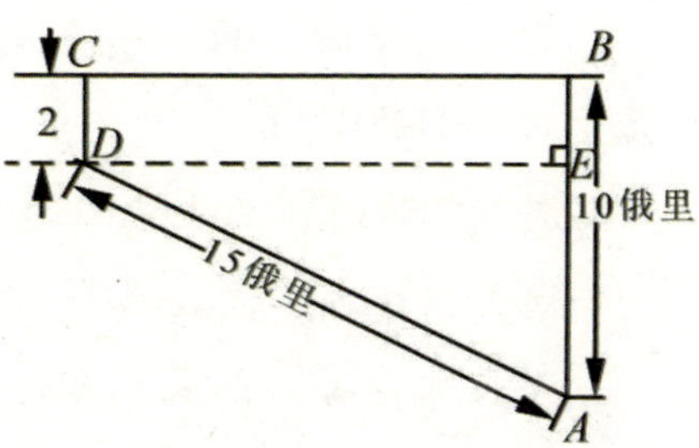

▲巴霍姆所走的行程

根据梯形面积公式可得，巴霍姆这天走过的路所围成的土地面积是76.14平方俄里（1平方俄里＝1.138平方千米）。

如果巴霍姆知道他一天里能走过39.69俄里的路，设计另外的行走路线，结果会是多少呢？

假设他设计一下走成正方形，那么围成的土地面积就是98.46平方俄里。如果走成圆形，那么围成的土地面积就是125.42平方俄里！用生命换来的土地，还不是自己所想得到的最大面积，如果贪婪的巴霍姆知道后，估计他在九泉之下也不会瞑目吧？

平面几何有哪些奇妙的性质呢？已经有很多数学家得出了相关的结论。如果你有兴趣的话，也可以动手得出一些结论呢。

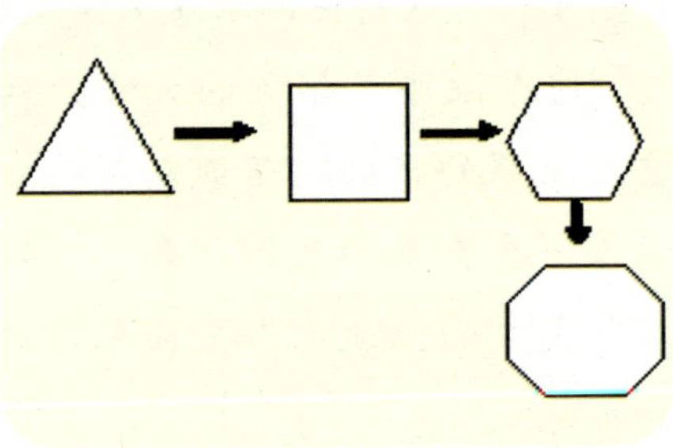

▲平面几何图形

1. 周长相等时，三角形中正三角形的面积最大。

2. 周长相等时，正六边形的面积大于正方形的面积。

3. 周长相等时，正十边形的面积大于正八边形的面积。

4. 周长相等时，边数越多，正多边形的面积就越大。

5. 周长相等时，如果正多边形的边数越来越多，那么这个正多边形就越来越接近圆形。

6. 周长相等时，圆形的面积最大！

所以贪婪的巴霍姆当时如果懂数学，将地圈成圆形的话，他就能得到面积最大的土地了。同学们现在也一定知道将铁丝折成什么形状会得到最大的面积了吧?

拓展链接

▲列夫·托尔斯泰

列夫·托尔斯泰,俄国的作家、思想家,是19世纪末20世纪初最伟大的文学家,19世纪俄国伟大的批判现实主义作家,是世界文学史上最杰出的作家之一,他被称颂为具有“最清醒的现实主义”的“天才艺术家”。

列夫·托尔斯泰平时喜欢散步,他常常一边散步,一边同步行的人们交谈。在这些人中间时常会遇到非常聪明有趣的人,有时也会听到不少绝妙的俄罗斯谚语和俗语,这些谚语和俗语鲜明而朴实地反映了传统的民间智慧,他就立即地把这些谚语和俗语记在随身携带的笔记本上,从这些智慧的宝库中得到了写作的源泉。

这个随身带着的笔记本,对列夫·托尔斯泰来讲可是一个可藏万物的百宝囊。不仅在散步时,就是坐下来和客人喝茶,甚至走到球场上的孩子们中间,他都不时地拿出来,记下一点什么。曾有人好奇地问他:“你老是在本子上记什么东西?”他幽默地说:“我记的是你。”“我有什么好记的?”问的人更诧异了。他笑着答道:“什么都可记的,世界上什么都是有趣的。”

这个记录美妙语言的小笔记本,始终伴随着托尔斯泰,及时记录他的所见、所闻、所想,几十年如一日,更为他的写作提供了取之不尽的素材。不仅如此,还使他养成了细心观察、勤于思考的习惯,成了他精神财富的一部分。

13 神跑手永远追不上乌龟

引言

即使是跑的最快的人也追不上慢吞吞的乌龟？有限长的木棍永远也分不完？这些到底是真还是假，让我们来听听下面的故事就知道了！

故事中的数学

阿基里斯是古希腊神话中跑得最快的神，被大家称为神跑手。但是有一天，有一位智者说："如果让乌龟先行一段距离，那么阿基里斯连乌龟都追不上。"这可把善跑的阿基里斯气坏了，他说道："我的速度比乌龟快何止上百倍，就算只有10倍，即使让乌龟先跑上100米，我只要一眨眼的工夫也就追上了，怎么可能跑不过这个慢吞吞的家伙。"

▲乌龟

智者不慌不忙地说："好，那我们假设你的速度是乌龟的10倍，乌龟在你前面100米处，这时你们俩同时开跑，当你跑完这个100米的时候，乌龟已经向前爬了10米了，等你追上这10米，乌龟又已经爬了1米，等你再追上这个1米，乌龟又向前爬了0.1米……，如此推算下去，你永远都只能靠近，但是没办法完全追上了。"

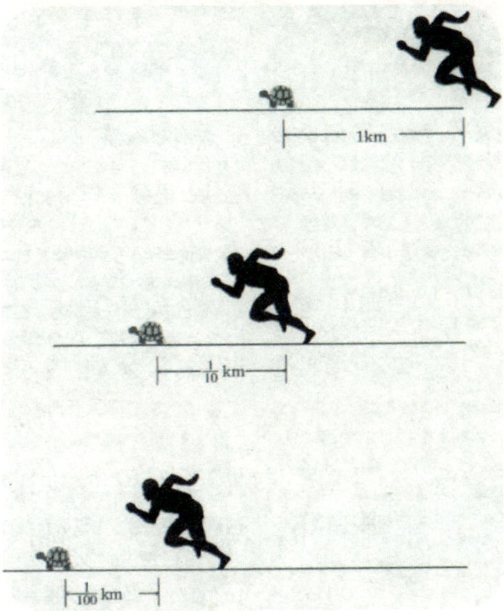

▲阿基里斯追乌龟

这位智者的话，让阿基里斯完全愣住了，还真有道理呢，这样算来似乎自己确实永远也无法追上乌龟了：如果要追上乌龟，就必须不停地跑下去。在不停地追的过程中，自己和乌龟的距离确实越来越近：100，10，1，0.1，0.01，0.001，0.000 1……但是，这些距离的长度都不会是 0，也就是说，自己与乌龟之间永远都存在着一个距离，不管这个距离有多小，但只要乌龟不停地奋力向前爬，自己就永远也追不上乌龟！

可是我跑得这么快，为什么会连乌龟都追不上呢？这到底是怎么一回事儿呢？阿基里斯被弄得一头雾水。

这种似是而非、充满着矛盾的问题，被称为“悖论”。上面这个问题是由古希腊著名的数学家和哲学家芝诺提出的，所以也叫做“芝诺悖论”。

这与我国 2000 多年前庄子的一句名言不谋而合。庄子说：“一尺之棰，日取其半，万世不竭！”“一尺之棰”也就是一尺长的木棒；“日取其半”是说今天取其一半，明天取剩下的一半，后天再取剩下的一半；“万世不竭”也就是说永远也取不完。想想也似乎不无道理，如果按照庄子的取法，木棒确实会

▲庄子

越来越小，但是木棒的长度永远都不会是 0，所以永远都取不完。

▲阿基里斯真的追不上乌龟吗?

神跑手阿基里斯真的就追不上慢吞吞的乌龟吗？庄子那短短的木棒真的是万世取不竭吗？当然不会是这样的。

阿基里斯追赶乌龟的整个过程中，阿基里斯每到达乌龟的一个位置，乌龟都到达了一个新的位置；当阿基里斯到达乌龟的这个新的位置时，乌龟会到达一个更新的位置，于是在阿基里斯追赶乌龟的过程中，阿基里斯与乌龟都会到达无穷个位置，把每两个相邻位置之间的距离都加起来，会得到在追赶过程中，阿基里斯和乌龟分别跑过的总路程。

阿基里斯跑过的总路程为：100+10+1+0.1+0.01+0.001+……=100/(1−0.1)=1 000/9 米；

乌龟跑过的总路程为：

10+1+0.1+0.01+0.001+……=10/(1−0.1)=100/9 米。

这个悖论的产生主要在于，芝诺将阿基里斯追赶乌龟的无穷的位置变化过程与无穷的时间变化过程混为一谈了。

假设阿基里斯速度是 10 米每秒，乌龟速度是 1 米每秒。

阿基里斯跑过 100+10+1+0.1+0.01+0.001+……这个无穷的位置变化过程只需要（1 000/9）/10=100/9 秒，也就是说阿基里斯追赶乌龟的无穷位置变化过程只需要 100/9 秒就完成了，并不需要无限长的时间！

从比赛开始算起，阿基里斯用 100/9 秒就可以追上乌龟了，在这个短短的 100/9 秒内，这个悖论是成立的，每当阿基里斯到达乌龟的上一个位置时，乌龟已经爬到了一个新的位置。但是在 100/9 秒之后，就再也不会有这种情况了，只要阿基里斯继续往前跑，乌龟就会被远远地甩在后面！

在阿基里斯与乌龟赛跑的这个过程中，条件中谈的是“位置”，但是结论中的“永远也追不上”却指的是时间，将“位置”与“时间”混为一谈，最终导致了这个悖论。庄子的分“木棒”也是同样的道理。

拓展链接

芝诺从“多”和运动的假设出发，一共推出了 40 个各不相同的悖论。芝诺的著作久已失传。现存的芝诺悖论至少有 8 个，其中关于运动的 4 个尤为著名，故事中的“阿基里斯追乌龟”就是其中之一，另外 3 个分别为：

1. 二分说：一物从甲地到乙地，永远不能到达。因为想从甲地到乙地，首先要通过其道路的一半，但要通过这一半，必须通过一半的一半，这样分下去，永无止境。结论是此物的运动被道路的无限分割阻碍着，根本不能前进一步。

2. 飞箭静止说：飞箭在每一瞬间总停留在一个确定的位置上，它在这个位置上和不动没有什么区别，这说明运动是静止之和。

3. 运动场或游行队伍问题：一半的时间可以等于整个的时间。假定有三行物体，A 行静止不动，B 行与 C 行以相等的速度按相反方向运动（见图 1）。当 B1 通过 A3，越过两个位置，到达与 A4 并列的位置时，由于C列是按相反方向同速运动的，所以B1在相同的时间里已通过C列的4个位置了（见图2）。B越过C列物体的数目，要比它越过A列物体的数目多一倍。因此，它用来越过C的时间要比它用来越过A的时间长一倍。但是B和C用来走到A的位置的时间却相等。一半的时间等于一倍的时间。因此说一半等于一倍。

A1　A2　A3　A4
B4　B3　B2　B1→
←C1　C2　C3　C4

▲图 1

A1　A2　A3　A4
B4　B3　B2　B1→
←C1　C2　C3　C4

▲图 2

这4个悖论的结论是错误的，是形而上学的，但悖论本身在认识史、辩证法史、逻辑史和科学史上却有着重要的地位。这4个悖论涉及运动和时间、空间的关系以及极限和无限分割的问题，还接触到运动本身存在连续性与非连续性的矛盾，所以历来受到科学家和哲学家的重视。

14 棋盘上的麦粒

引　言

一开始的时候，弱小的事物总是被人们所忽略，但只要不断积聚力量，就会逐渐变得强大，从弱小变为强大的过程可能是难以觉察的，等你发现的时候，它已经是强大到令人难以置信了，何出此言呢？让我们一起来分享下面的故事。

故事中的数学

相传，当年印度至高无上的萨珊王曾向全国发出这样一道诏令：要是谁能发明一种既能娱乐，又能使人的头脑变得聪明的东西，便可以终身为官，并且皇宫里的贵重物品随他挑选。于是全国的能工巧匠们都纷纷创造出各种稀奇古怪的玩意儿，这些新奇的东西一件又一件地被送到萨珊王面前，但是他总是摇头，没有一件是他心仪的。

在一个风和日丽的早晨，萨珊王和众爱卿在格拉察湖钓鱼，初春的乡村，新绿染大地，生机正勃发。萨珊王享受着眼前的美景和清新的乡野气息。这时候突然有人来报，宰相达依尔飞马来到。达依尔匆匆下马，对萨珊王说道："陛下，为臣琢磨了许多天，终于发明了象棋，大王是否愿意看一看？"

因为达依尔一直是国王的爱臣，且头脑极为聪明，萨珊王一听到达依尔发明了象棋，连忙让拿来看看。

达依尔所发明的象棋就是今天世界上最受欢迎的游戏之一——国际象棋。棋盘是个正方形，由纵横各8格、颜色一深一浅交错排列的64个小方格组成，深色格称黑格，浅色格称白格，棋子就放在这些格子中移动，共有32枚棋子，双方各有16枚，包括国王1枚、王后1枚、象2枚、马2枚、车2枚、兵8枚。双方的棋子在格内移动，以消灭对方的王为胜。萨珊王看到这个发明，高兴不已，非常满意，便准备履行承诺，重赏达依尔。他说道："你已经官到丞相了，再封官就只能我自己让位了，所以不能再给你封官了，只能重赏你

▲国际象棋

财物，你想要什么呢？”

达依尔向国王请求说：“陛下，为臣别无他求，只请您赏一点粮食，然后将它们分给贫困的百姓。您在这张棋盘的第一个小格内，赏给我一粒麦子，在第二个小格内赏我两粒麦子，第三格内赏四粒……总之，每一格都比前一格多一倍。陛下所有属于64格的麦粒赏给我，我就心满意足了。”国王立马许诺了这个看起来微不足道的要求，令人立即拿一袋麦子来。

当时在场的所有人都笑达依尔太傻了，国王不是说皇宫里的贵重物品随他挑的吗，他竟然只要这么点麦子！放麦粒的工作有条不紊的进行着，眼看着只用了一小碗麦粒就放满了前面的十几个方格，大家都忍不住笑了起来。可是不到20格，一袋麦子已经空了。一袋又一袋麦子被扛了进来，但是随着放置麦粒的方格不断增多，需要的麦粒也越来越多，麦粒数一格接一格地增长十分迅速。搬运麦粒的工具也由碗变成了盆，由盆变成了筐，这时候还是有人在笑，“给他一马车得了”，有人提议。但是不知道从哪一格起，即使拿来全印度所有的粮食，国王也兑现不了自己的诺言了。

这到底是怎么一回事呢？让我们来算一算国王究竟要给达依尔多少麦粒：

第一格放置的麦粒数目为1粒；

第二格放置的麦粒数目为$1\times2=2$粒；

第三格放置的麦粒数目为$1\times2\times2=2^2=4$粒；

第四格放置的麦粒数目为$1\times2\times2\times2=2^3=8$粒；

依此类推：

第五格放置的麦粒数目为 2^4，第六格为 2^5……第 64 格放置的麦粒数目为 2^{63}。

总共需要的麦粒数目为：

$1+2+2^2+2^3+\cdots+2^{63}=$ 18 446 744 073 709 551 615（粒）。

这是一个长达 20 位的数字，这位宰相所要求的，竟是全世界在 2000 年内所生产的全部小麦！

萨珊王无法兑现，但是又觉得自己金口玉言不能改变，一时不知道自己该怎么办了。这时候，一位大臣献计，只要找个理由砍下达依尔的脑袋就万事大吉了。就这样，聪明的宰相达依尔的生命被献到了数学的祭坛上。

无独有偶，在印度还有一个关于“世界末日”的传说：在印度北部的一个佛教的圣庙里，一块黄铜板上插着三根宝石针。印度教的主神梵天在创造世界的时候，在其中一根针上从下到上地穿好了由大到小的 64 片金片，这就是所谓“梵塔”。每天 24 小时内，不论白天黑夜，都有僧侣值班，按照下面的法则移动这些金片：一次只移动一片，不管在哪根针上，小片必须在大片上面。当所有的金片都从梵天穿好的那根针上移到另外一根针上时，世界末日就要来临，梵塔、庙宇和众生都将同归于尽。

虽然只是一个传说，却引起了人们的重视，大家都想知道僧侣移动完毕这 64 片金片需要多少时间，也就是说，人类在这个世界上还可以生存多久。

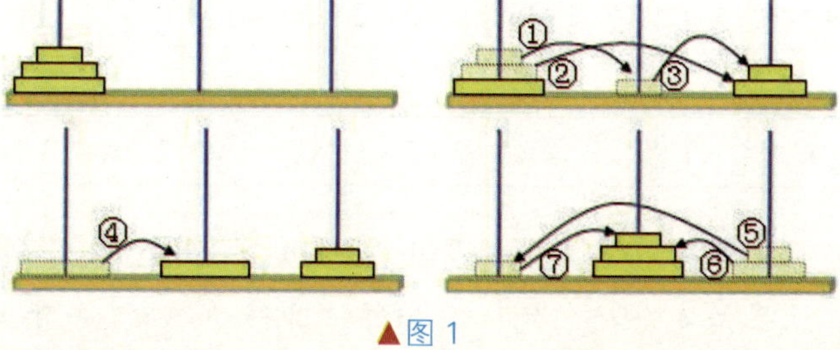

▲图 1

先分析比较

简单的情况：将 3 个金片移动到另一根宝石针上。

如图 1 所示，共需要移动 7 次。

假设将 n 个金片移动到另一根宝石针上所需的次数为 x 次，如图 2 所示，则将 $n+1$ 个金片移动到另一根宝石针上所需的次数为 $2x+1$ 次，如图 3、图 4 所示。

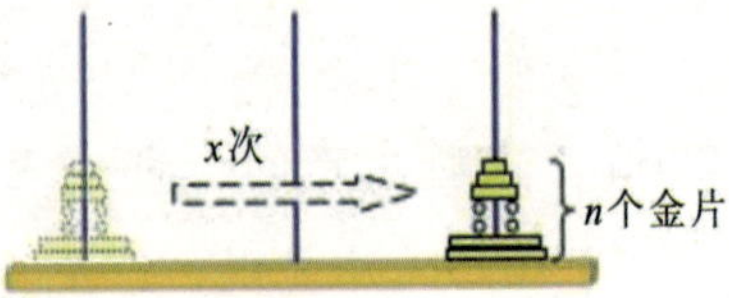

▲图 2

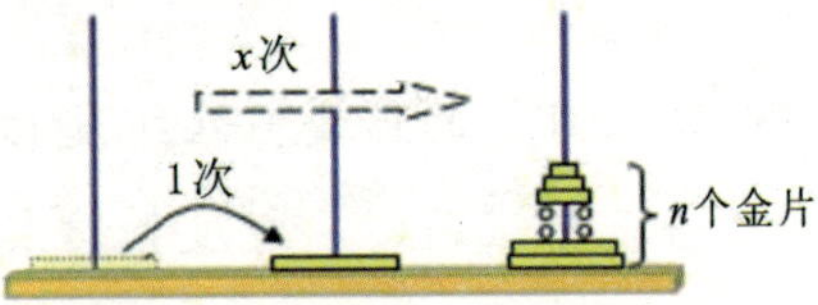

▲图 3

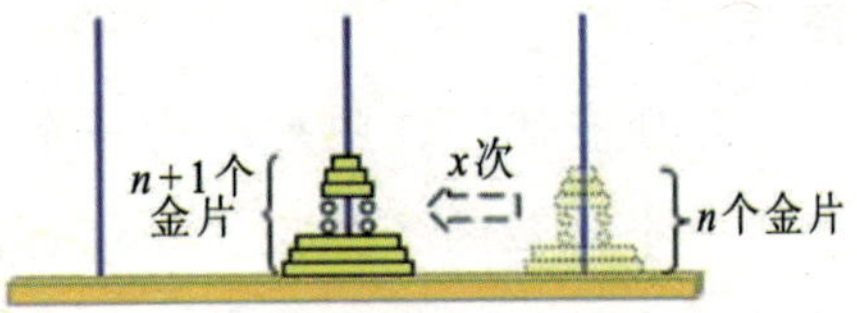

▲图 4

根据上面的规律，1 ～ 64 个金片移动到另一根宝石针上所需的次数列表如下：

金片数量	移动次数	规律
1	1	
2	$2\times1+1=3$	$2\times2-1=2^2-1$
3	$2\times3+1=7$	$2\times2\times2-1=2^3-1$
4	$2\times7+1=15$	$2\times2\times2\times2-1=2^4-1$
…	…	…
64		$2\times2\times\cdots\times2\times2-1=2^{64}-1=18\ 446\ 744\ 073\ 709\ 551\ 615$

全部次数为 18 446 744 073 709 551 615 次，这与“麦粒”问题的计算结果是完全相同的！假如每秒钟移动一次，一年大约有 31 556 926 秒，

移完这些金片需要5 800多亿年！

拓展链接

其实，在我们的日常生活中也会经常遇到类似故事中那不可思议的事情。比如，如果把一张普普通通的报纸连续对折30次，它的厚度会远远超过号称“世界屋脊”的珠穆朗玛峰，很难相信吧？我们同样可以通过数学计算来证明这个事实：

▲珠穆朗玛峰高度8844.43米

对折一次以后，报纸的层数为2层；

对折两次以后，报纸的层数为$2\times2=2^2$层；

对折三次以后，报纸的层数为$2^2\times2=2^3$层；

对折四次以后，报纸的层数为$2^3\times2=2^4$层；

依此类推，对折五次以后，报纸的层数为2^5层；对折六次以后，为2^6层……对折30次以后，报纸的层数为2^{30}=1 073 741 824层。

一万张普通报纸的厚度约为1米，那么这张报纸对折30次后的厚度为1 073 741 824÷10 000=107 374.182 4（米），整整比12座珠穆朗玛峰摞在一起还要高呢！

15 百钱买百鸡

引　言

今有鸡翁一，值钱五；鸡母一，值钱三；鸡雏三，值钱一。凡百钱买鸡百只，问鸡翁、母、雏各几何？答曰：鸡翁四，值钱二十；鸡母十八，值钱五十四；鸡雏七十八，值钱二十六。又答：鸡翁八，值钱四十；鸡母十一，值钱三十三，鸡雏八十一，值钱二十七。又答：鸡翁十二，值钱六十；鸡母四、值钱十二；鸡雏八十四，值钱二十八。

这是什么意思呢？不着急，听完故事你就知道啦。

故事中的数学

在魏晋南北朝时期，我国北方出了一个神童，他聪明好学，酷爱算术，在数学方面特别有天赋，他就是中国古代著名的数学家——张丘建。据说他出生在一个贫困的家庭，父亲靠卖鸡来维持一家人的生活。

许多连大人一时都难以解答的数学问题，他经常一下子就算出来了，于是他常常帮助邻居解决疑难问题或者银钱上的纠纷。随着一传十，十传百，神童张丘建的名气越来越大，逐渐传到了当朝的宰相耳朵里。宰相不相信一个小小的孩童如此厉害，决定试探试探他。他把张丘建的父亲叫到了府里，给了他 100 文钱，让他第二天带 100 只鸡来，在这 100 只鸡中，公鸡、母鸡和小鸡都要有，不准多也不准少，并且一定要刚好是 100 文钱。

▲鸡翁、鸡母、鸡雏

按照当时的市价，公鸡的价钱是 5 文钱 1 只，母鸡的价钱是 3 文钱

1 只，买 3 只小鸡 1 文钱。父亲想了半天，也不知道如何是好，这可是宰相的命令啊，要是没办好可是要被怪罪的，于是在家愁眉苦脸的。

张丘建看到以后，问父亲为什么事而这么闷闷不乐呢？父亲把事情的缘由告诉了他。张丘建听完后什么话也没说，静静待着想了一会儿，然后告诉父亲说，这个事情好办，明天送去 4 只公鸡、18 只母鸡和 78 只小鸡就行了。

第二天，父亲按照神童的安排给宰相送去了 4 只公鸡、18 只母鸡和 78 只小鸡，宰相看到送来的鸡正好满足自己提出的 100 文钱、100 只鸡且公鸡、母鸡和小鸡都有，不由得大为惊奇。宰相想了想，决定再考下神童。他又给张丘建的父亲 100 文钱，让明天再送 100 只鸡来，依然是公鸡、母鸡和小鸡都要有，但是这次不准只送 4 只公鸡。

父亲在路上可愁坏了，这可怎么是好啊，昨天聪明的儿子已经让自己躲过了一劫，但是今天宰相提出的送法更刁钻了。回家给儿子一说，儿子笑着说，这有什么好担心的，明天再送去 8 只公鸡、11 只母鸡和 81 只小鸡就可以了。

第二天父亲照办，宰相一看，觉得这个神童确实名不虚传，但是决定再考他一次，这次规定依旧是 100 文钱，买 100 只鸡，公鸡、母鸡和小鸡都要有，但是公鸡不准只送 8 只。

没想到，没过多大会儿，父亲就送来了 12 只公鸡、4 只母鸡和 84 只小鸡。宰相十分满意，于是重重地打赏了这位神童的父亲，并且开始注重对张丘建的培养。

到底是怎么回事呢？让我们也来算算看：

我们可以根据宰相的要求，利用方程来求解：

设送给宰相的公鸡、母鸡和小鸡的数目分别为 x 只、y 只、z 只，根据 100 文钱和恰好 100 只鸡，可以得到：

$x+y+z=100$

$5x+3y+z/3=100$

▲百鸡问题

这里有x、y、z三个未知数，但是只有上面的两个方程，这种方程叫做不定方程。不定方程通常只要求求出整数或者正整数解，这里因为要求鸡的数目，且公鸡、母鸡和小鸡都必须有，就相当于只用求正整数解了。

究竟如何来解呢？解这类题一般都要先消去一个未知数，这里我们可以消去z：用3乘以第二个式子，然后再减去第一个式子，就可以得到：$14x+8y=200$，也即：$7x+4y=100$。

因为$4y$和100都是4的倍数，要让左右式子相等的话，那$7x$也一定是4的倍数，因为7不是4的倍数，那么x必须是4的倍数。因为$4y=100-7x$，所以$y=(100-7x)/4$，y也是大于零的整数，所以x一定小于15。则x的取值只能是4，8和12，这样可以得到3组解：

$x=4$，$y=18$，$z=78$；

$x=8$，$y=11$，$z=81$；

$x=12$，$y=4$，$z=84$。

这三组解正好与张丘建让父亲给宰相送去的鸡的数目一模一样。

但是在张丘建生活的那个时代，还没有人会列这种不定方程组，那他又是怎样算出数目的呢？

原来，聪明的张丘建发现了这个秘密：4只公鸡合起来值20文钱，3只小鸡合起来值1文钱，这样两者合起来的钱数是21文钱，鸡的数目是7只；而7只母鸡呢？按照3文钱每只，合起来也值21文钱。如果少买7只母鸡，那样就可以多买4只公鸡和3只小鸡了。这样，鸡的数目还是100只，合起来还是值100文钱。只要推算出其中的1个答案，根据这种算法，马上就可以求出其他的答案了，不管宰相怎样刁难，也难不倒他了。这就是中外文明的“百鸡术”。

除了百钱买百鸡，还有一些类似的问题，比如著名的“百僧吃百馒”。

▲百僧吃百馒

在中国古代数学专著《算法统宗》中有这样一道题：一百馒头一百僧，大僧三个更无争。小僧三个分一个，大小和尚得几丁。这一题翻译成现代文就是“100个和尚吃100个馒头。大和尚一人吃3个，小和尚3人吃一个。大、小和尚各多少人？”

这道题同样可以用“百鸡术”中的方程思路求解，最终可以得到小和尚有75个，大和尚有25个。

当然，这一题也可以用这样的解法。如100个和尚吃100个馒头，算成平均数刚好每个人 1 个馒头，而 1 个大和尚和 3 个小和尚合起来应该吃3+1=4 个馒头，平均后正好也是每人 1 个馒头。这就给我们启示：如果把 100 个和尚 4 个 4 个分组，使每组里面都有 1 个大和尚和 3 个小和尚，每组里面只要发 4 个馒头，不是刚好实现“一百馒头一百僧，小僧三个分一个，大僧三个更无争”吗？所以小和尚的数目正好是大和尚的 3 倍，小和尚有 75 个，大和尚有 25 个。

拓展链接

张丘建，北魏清河（今邢台市清河县）人，著名的大数学家。他从小聪明好学，酷爱算术。一生从事数学研究，造诣很深。所著《张丘建算经》3 卷，是著名的《算经十书》之一。算经的体例为问答式，条理精密，代词古雅，是中国古代数学史上的杰作，也是世界数学资料库中的一份遗产。《张丘建算经》现传本有 92 问，比较突出的成就有最大公约数与最小公倍数的计算、各种等差数列问题的解决、某些不定方程问题求解等。“百鸡问题”是《张丘建算经》中的一个世界著名的问题，张丘建对此有精湛和独到的见解。自张丘建以后，中国数学家对“百鸡问题”的研究不断深入，“百鸡问题”也几乎成了不定方程的代名词，从宋代到清代围绕“百鸡问题”的数学研究取得了很好的成就。

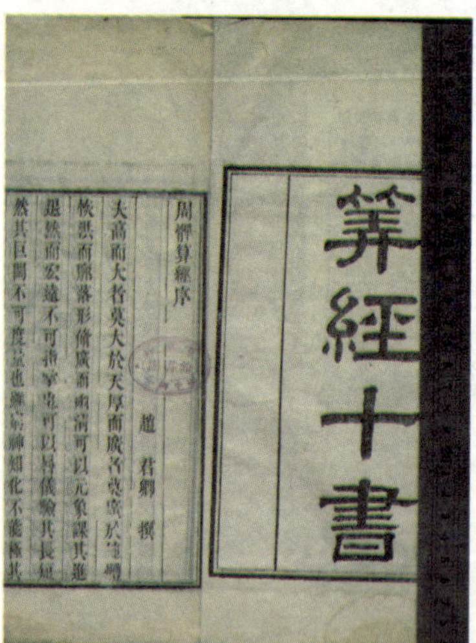

▲算经十书

16 数学侦探

引 言

平常的他悠闲地在贝克街221号B的公寓里，高大的身躯，细长的鹰钩鼻子，抽着烟斗等待委托上门。一旦接到案子，他立刻会变成一只追逐猎物的猎犬，开始锁定目标，将整个事件抽丝剥茧、层层过滤，直到最后真相大白。这个人物形象大家一定不会陌生，他就是头脑冷静、观察力敏锐、推理能力极强的福尔摩斯，现在已成为世界通用的名侦探最佳代名词，他的推理破案能力大家是不是很羡慕呢？今天让我们也来当当“小侦探”，体验体验其中的乐趣。

▲福尔摩斯

故事中的数学

阿灵顿镇的一星期

在美国马萨诸塞州的阿灵顿镇，有一家超市、一家百货商店和一家银行，但是每星期中只有一天这三家全都开门营业。有如下这样几个规律：（1）这三家每星期各开门营业四天；（2）星期日这三家都关门休息；（3）没

▲美丽的阿灵顿镇

有一家连续三天开门营业；（4）在连续的六天中：第一天，百货商店关门休息；第二天，超市关门休息；第三天，银行关门休息；第四天，超市关门休息；第五天，百货商店关门休息；第六天，银行关门休息。在一星期的七天中，哪一天这三家全都开门营业呢？

让我们开动脑筋推理一下。

▲名侦探柯南

1. 如果星期天是连续的六天中的一天，那么根据（1）这三家每星期各开门营业四天、（2）星期日这三家都关门休息和（4）在连续的六天中：第一天，百货商店关门休息；第二天，超市关门休息；第三天，银行关门休息；第四天，超市关门休息；第五天，百货商店关门休息；第六天，银行关门休息。则超市只能在星期日、星期一和星期三关门休息。但根据（3）没有一家连续三天开门营业。这是不可能的。

2. 如果星期一是所说的连续六天中的第一天，那么根据（2）星期日这三家都关门休息和（4）每天至少有一家关门休息。由于每星期有一天三家全都开门营业，所以这是不可能的。

3. 如果星期二是所说的连续六天中的第一天，那么根据（1）、（2）和（4），百货商店只能在星期二、星期六和星期日关门休息。但根据（3），这是不可能的。

4. 如果星期三是所说的连续六天中的第一天，那么根据（1）、（2）和（4），银行只能在星期日、星期一和星期五关门休息而超市只能在星期日、星期四和星期六关门休息。但根据（3）这是不可能的。

5. 如果星期四是所说的连续六天中的第一天，那么根据（1）、（2）和（4），银行只能在星期二、星期六和星期日关门休息。但是根据（3）这是不可能的。

6. 如果星期五是所说的连续六天中的第一天，那么根据（1）、（2）和（4），超市只能在星期一、星期六和星期日关门休息。但根据（3），这是不可能的。

7. 因此星期六是所说的连续六天中的第一天。根据（1）、（2）和（4），可以得出：

	星期天	星期一	星期二	星期三	星期四	星期五	星期六
银行	关	关	开	开	关	开	开
百货商店	关	开	开	关	开	开	关
超市	关	开	关				

根据（1）和（3），超市不能在星期三或星期六关门休息；因此超市一定是在星期四关门休息。

所以根据推理，这三家必定是星期五全都开门营业。

黛安娜的妹妹

黛安娜和母亲一起上街为她妹妹的生日聚会购买小礼品和糖果。黛安娜的母亲专买小礼品，而黛安娜专买糖果。买礼物的情况如下。

（1）黛安娜身上只带了 13 枚硬币，而且币值只有三种：1 美分、5 美分和 25 美分。她把它们全部用来买了糖果。

（2）她为奥尔西娅买的糖果每

▲礼物和糖果

块 2 美分，为布莱思买的糖果每块 3 美分，为卡丽买的糖果每块 6 美分。

（3）她为这三个女孩买的糖果块数各不相同，而且都不止一块。

（4）有两种糖果她所付的钱款相同。

（5）她母亲买了一些小礼品，每件小礼品的单价都一样。母亲总共花了 4.80 美元。

（6）黛安娜所买糖果的块数同她母亲所买纪念品的件数相等。

（7）黛安娜给她妹妹买的糖果块数最多。

三个女孩中，谁是黛安娜的妹妹？

这可怎么判断呀？不着急，让我们来分析一下。

设 P= 黛安娜所带的 1 美分硬币和枚数，

N= 黛安娜所带的 5 美分硬币和枚数，

Q= 黛安娜所带的 25 美分硬币和枚数，

F= 母亲所买的纪念品的件数。

T= 黛安娜为买糖果所花的总钱数（以美分为单位），

a= 为奥尔西娅所买的糖果块数，

b= 为布莱思所买的糖果块数，

c= 为卡丽所买的糖果块数，

d= 母亲所买纪念品的单价（以美分为单位）。

以上各数都是正整数。

1. 根据黛安娜身上只带了 13 枚硬币，而且币值只有三种：1 美分、5 美分和 25 美分，她把它们全部用来买了糖果。得出：$P+N+Q=13$（1a）；$P+5N+25Q=T$(1b)；

2. 根据她为奥尔西娅买的糖果每块2美分，她为布莱思买的糖果每块3美分，她为卡丽买的糖果每块6美分。得出：$2a+3b+6c=T$（2）；

3. 她为这三个女孩买的糖果块数各不相同，而且都不止一块。得出：a、b、c各不相同而且都大于1(3)；

4. 根据有两种糖果她所付的钱款相同。得出方程（4）：$2a=3b$，或者$2a=6c$，或者$3b=6c$；

▲美分

5. 根据她母亲买了一些小礼品，每件小礼品的单价都一样。母亲总共花了4.80美元。得出：$F\times d=480$（5）；

6. 根据黛安娜所买糖果的块数同她母亲所买纪念品的件数相等。得出$a+b+c=F$（6）。

7. 根据黛安娜给她妹妹买的糖果块数最多。可以把问题转化为：a、b、c中哪一个最大？

这里一共有六个方程但是有九个未知数，并且第四个方程是三个可能的方程中的一个。方程太多，无法仅用代数方法求解，因此除了各数都是正整数这一特点之外，我们必须再寻找其他特点。

大家都知道：两个奇数之和总是偶数，两个偶数之和还是偶数，一个奇数与一个偶数之和总是奇数。而且还知道：两个奇数之积总是奇数，一个奇数与一个偶数之积总是偶数。

根据这些规律，可以判断出在方程（1a）中，P、N、Q三者要么都是奇数，要么这三个数中只有一个是奇数。无论怎样，（1b）中的T总是奇数。于是方程（2）中的b是奇数。方程（4）中，因为$2a$是偶

数而 $3b$ 是奇数，$2a$ 不能等于 $3b$。因为 $6c$ 是偶数而 $3b$ 是奇数，$3b$ 也不能等于 $6c$。由此可以得出，$2a = 6c$。从这里，也可以知道，c 不是最大的数，a 必定会大于 c。将 $a = 3c$ 代入方程（6），得 $b+4c = F$。

由于 b 是奇数，所以在 $b+4c = F$ 中，F 也是奇数。在方程（5）中，480 是两个数的乘积，d 只能是偶数。在这个乘积中，F 可能取的奇数值只有1、3、5 或 15。F 等于 1 或 3 是不可能的，因为在 $b+4c = F$ 中，b 和 c 必须是正整数。根据（3），F 也不等于 5。因此，F 必定等于 15。

于是 $b + 4c = 15$，而 c 不能大于 3 或者小于 1。根据（3），c 不能等于 1，也不能等于 3（否则 b 也等于 3），所以 c 必定等于 2，从而 $b = 7$，$a = 3$，$c = 6$。因此 b 是最大的数。这样，根据（7），可以最终判断出布莱思是黛安娜的妹妹。

数学推理是一件有意思的事情吧，在一大堆错综复杂的条件中，经过层层分析，最终得到我们想要的答案，平常同学们可以多练练类似的题目，让大脑越来越灵活。

拓展链接

这天，侦探员汤姆要到数学教授杰克家去做客，是为了了解前一天一宗银行抢劫案的事情。汤姆在约定的时间到了杰克家的大门口，当他正准备按门铃时，他发现大门是半掩着的，便走进了教授的家中。他坐在了客厅的沙发上，没有看见杰克。他用目光扫遍了整个客厅后，停在了一

▲国际求救信号

台台式电脑的荧屏上，上面显示着一道“101×5”的计算式子。汤姆看了觉得十分纳闷，杰克教授算这个简单式子还要用电脑？突然，汤姆从这道式子中觉察到了什么，报了警。

汤姆为什么要报警呢，大家知道汤姆觉察到什么了吗？

17 帕斯卡三角形与道路问题

引　言

数学知识的应用是广泛的，大至宏观的天体运动，小至微观的原子研究，都离不开数学知识。马克思曾指出：一门科学只有成功地应用了数学，才算真正达到了完善的地步。数学可不是想象中的那么复杂难懂和枯燥乏味，大多数的时候，它都与我们的生活紧密联系，当你听完苏珊上学的故事，你一定会信服数学真的就在我们的日常生活中。

故事中的数学

苏珊每天走路去学校，但是路上老是碰到令人讨厌的斯廷基，他经常捉弄苏珊。苏珊想摆脱这个“恶魔”。

▲上学路上

苏珊想啊想，终于想到了一个办法，每天早上走不同的路去学校，这样斯廷基就不知道自己走哪条路，也就碰不到了。

说干就干，苏珊画出了家和学校之间的所有街道，她去学校的时候，走路的方向总是朝南或者朝东。

苏珊到学校总共有多少条路线呢？你们能算出来吗？

这个问题一开始可把苏珊给难住了，苏珊冥思苦想，忽然高兴地叫了出来：“啊哈，一点也不难，简单的很！”苏珊想到了什么好主意呢？

原来是这样的：她在家的这个角点写上了1，因为只能从家里出发，然后再与此相隔一个街区的两个角点上也各写上1，因为到这两个地方都只有一条途径。然后在下一个角点写上2，因为到达那里可以有两条途径。到这里，苏珊发现2是1加1的和，她忽然领悟：若到某一个仅有一条途径，则该角点上的数字为前一个角点上的数字；若有两条途径，则为前两个角点上的数字之和。

你能替苏珊把剩下的角点标上数字，并且告诉她步行到学校一共有多少条不同的线路吗？

剩下的5个点，自上而下，从左至右分别标以1，4，10，5，15。最后一点上的15表示苏珊去学校共有15条最短路径。

苏珊所发现的是一种简单并且快速的计算方法。要是她把这些路径一条一条地画出来，然后再计数，这样肯定麻烦，还容易出错。如果街道的数目很多，那么这种方法根本就行不通。不信？你可以试试把这15条路线都画出来，然后你就知道苏珊的算法是多么有效率了。你还可以再增加街道的数目，会发现那将是相当复杂的一项计算工程。

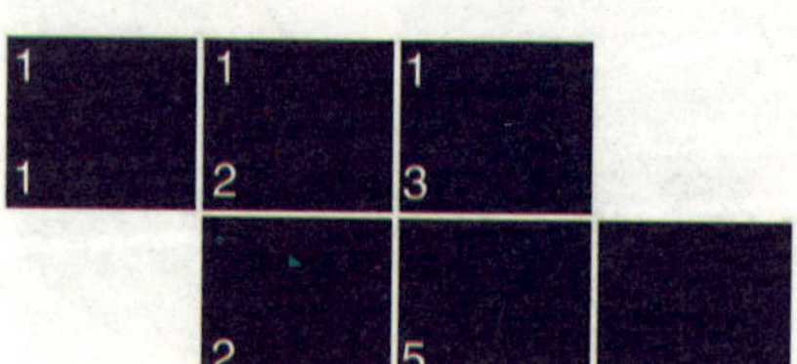

▲一共有多少种走法呢？

你对苏珊的做法是否理解呢？你也可以画一些不同的街道网络，然后用这种算法来确定从任意点到另一任意点的最短路线共有多少条。你所画出的街道网络可以是矩形网格、三角形网格、平行四边形网格和蜂窝状的正六边形网格。

现在让我们来看看，在国际象棋棋盘上，“车”从棋盘的一角到对角线上另一角的最短路径共有多少条？首先让我们把棋盘上所有格子像苏珊标街道的数字一样都填上数字，问题其实就迎刃而解了。“车”只能沿着右上方向朝另一个角的目标移动，便可以求出共有多少条最短路径。

▲国际象棋棋盘

把整个棋盘正确标号后（见下面的表格），根据所标的数字，一眼就能看出在棋盘上从一个角出发到任意一角，有多少条最短路线。右上角的数字是 3 432，所以“车”从一角到对角线的另一角的最短路径共有 3 432 条。

1	8	36	120	330	792	1 716	3 432
1	7	28	84	210	462	924	1 716
1	6	21	56	126	252	462	792
1	5	15	35	70	126	210	330
1	4	10	20	35	56	84	120
1	3	6	10	15	21	28	36
1	2	3	4	5	6	7	8
车	1	1	1	1	1	1	1

现在让我们把棋盘沿着左上至右下的对角线一截为二，便可以得到如下数字阵列。

```
        1
      1   1
    1   2   1
  1   3   3   1
1   4   6   4   1
     ……
```

这个三角形上的数字与著名的帕斯卡三角形（我国叫做杨辉三角形）的数字是相同的，计算街道路径条数的算法，恰恰也就是构造帕斯卡三角形所依据的过程。

帕斯卡三角形最本质的特征是，它的两条斜边都是由数字1组成的，而其余的数则是等于它肩上的两个数之和。帕斯卡三角形所蕴含的数字排列规律，让我们在感受数学美的同时，也体会到它的趣味性与实用性。

拓展链接

帕斯卡是法国著名的数学家、物理学家、哲学家和散文家。其父亲曾在税务法庭任职，对数学颇有研究，对帕斯卡影响很大，以至于帕斯卡从小就对数学产生了浓厚的兴趣。

▲帕斯卡

在1639年，年仅16岁的帕斯卡就参加了巴黎数学家和物理学家小组（巴黎科学院的前身），并在那年发现了著名的“帕斯卡定理”，为射影几何学作出了重要贡献，受到了笛卡尔的高度赞赏。19岁时，他发明了世界上第一台机械式计算机——加法器。他发现了重要的帕斯卡三角形，并且和费马共同建立了概率论和组合论的基础。帕斯卡在物理方面的研究也是成果卓著，他提出了“帕斯卡定律”，现代一切液压机械都是“帕斯卡定律”的具体应用。

可惜，长期从事艰苦的研究损害了他的健康，1662年帕斯卡英年早逝，年仅39岁。

18 3根指挥棒和12个直角

引　言

21世纪最缺的是什么？是人才。那人才最缺的是什么？是创新！创新是人类特有的认识能力和实践能力，是人类主观能动性的高级表现形式，是推动民族进步和社会发展的不竭动力。大家都知道“创新”这个词，但是你会创新吗，今天就跟随我们采用创新的思维来读读下面的故事。

故事中的数学

蒸汽机的发明推动了英国的工业革命，让世界从此进入蒸汽时代，有人称赞这项发明“它武装了人类，使虚弱无力的双手变得力大无穷，健全了人类的大脑以处理一切难题。它为机械动力在未来创造奇迹打下了坚实的基础，将有助并报偿后代的劳动”。而正是发明家瓦特让这一切变为了现实，他也因此从大学实验员一跃成为波士顿—瓦特公司的老板，还当选为英国皇家学会的会员。

然而他依靠自己的智慧获得的巨大成就却引起了许多旧贵族的嫉妒和不满。在一次皇家音乐会上，有个贵族故意带着挑衅嘲讽的语气对瓦特说：“皇家乐队指挥手里拿的东西在你们物理学家眼里仅仅是根棒子而已。”瓦特听后镇定地回答道：“是的，那的确是根棒子，但是我可以用这样 3 根棒子组成 12 个直角，而你却做不到。”那个傲慢的贵族非常不服气，于是找来 3 根指挥棒在桌上摆来摆去，可始终无法摆出这 12 个直角，最后只得无奈认输。

聪明的同学们，你能完成瓦特提出的这个任务吗？我们就一起来试试看吧。

我们先采用最简单的组合搭配，就像下图 A 中那样，这时一共只得到了 5 个直角；接着对它进行一些改进，比如把图 A 中最下面横放着的指挥棒水平向左移动，就变成了图 B 的形状了，现在变成了 6 个直角；能不能再让直角数多一些呢，我们试着把图 B 中最下面那根指挥棒平行向上移动，如图 C 中的组合，那么就一下得到了 8 个直角。

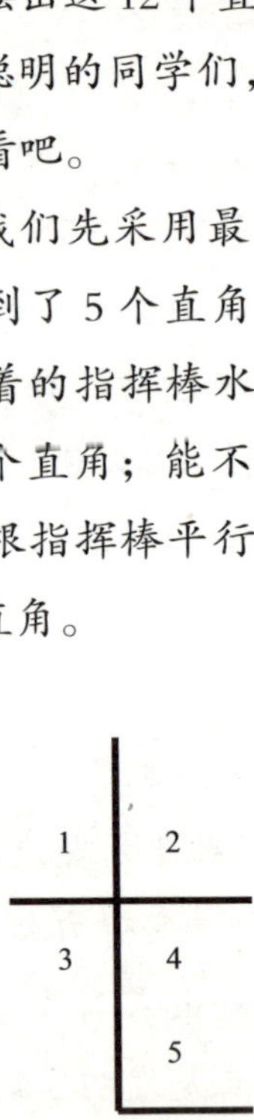

▲图 A

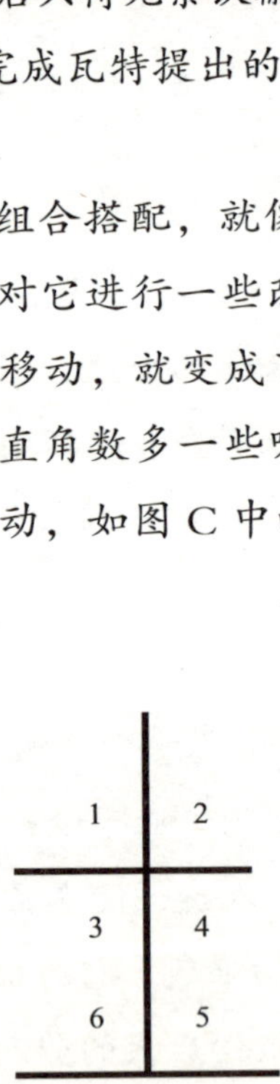

▲图 B

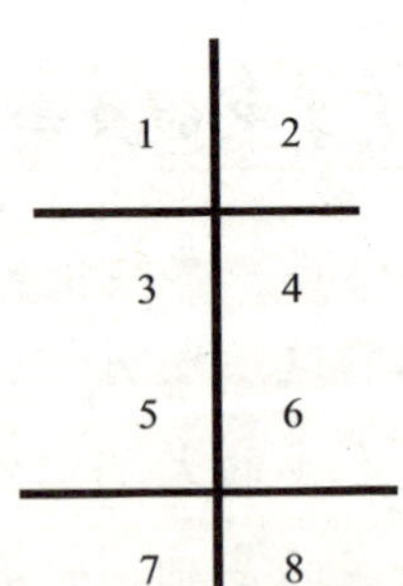

▲图 C

不过这时候，我们会发现似乎这种方式遇到了不可逾越的瓶颈，将三根指挥棒都平放在桌上，不论再怎样变化组合搭配，直角数都不会超过 8 个了。难到真的无法用 3 根指挥棒拼出 12 个直角？瓦特把我们骗了吗？

我们再仔细看看刚才的故事，聪明的瓦特说的是“我可以用这样 3 根棒子组成 12 个直角”，并没有说“我可以用这样 3 根棒子在桌面上组成 12 个直角”。如此看来必须换个思路分析，不能仅仅从一维平面考虑了，而要摆出一个立体的图形来达到目的。

我们还是从最简单的组合入手，如下图中那样将其中 2 根指挥棒呈十字交叉地平放在桌面，第 3 根指挥棒的一端垂直立于前 2 根指挥棒的交叉处，如图 D 所示，这时根据立体几何的原理，我们发现直角数同样是 8 个；接着对它进行一点改进，让第 3 根垂直桌面的指挥棒仍然保持不动，而是把平放在桌面上的 2 根指挥棒向上移动，让它们悬空，这时就出现图 E 一样的形状，同学们你来数数这时有多少个直角呢？一共 12 个直角，我们完成了当年瓦特提出的难题！

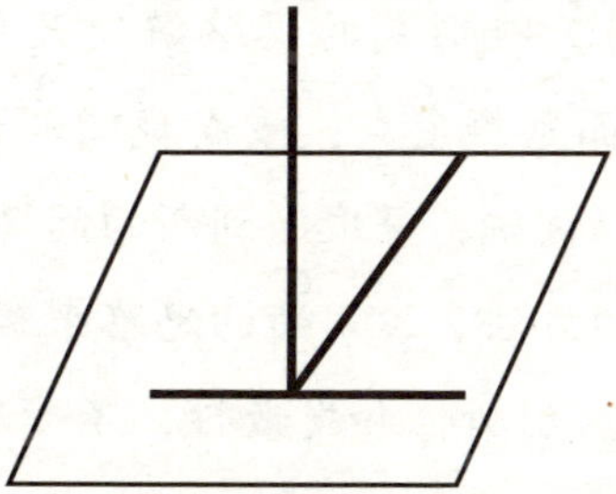

▲图 D

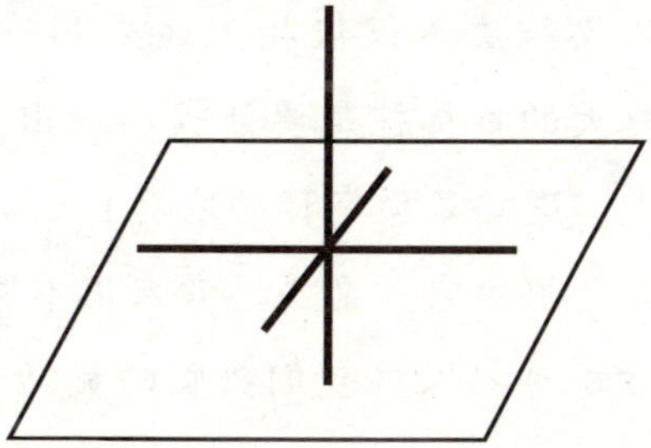

▲图 E

曾经有一位心理学家也出过相似的一道有趣的测验题：他让同学们在一块土地上种下四棵树，不过必须使得每棵树两两之间的距离都一样。接受测试的学生在纸上画出各种几何图形进行测量，可是没有任何一种图形可以让四个顶点两两间距相等，同学们都认为这是一个不可能完成的任务。

最后心理学家公布了正确答案：可以将 1 棵树种在山顶上，其余 3 棵树种在山脚下，如果这 4 棵树正好构成一个正四面体的话，那就成功地完成了这个任务。看似简单的解法却难倒了许多人，因为我们思考问题时总是缺少一种创造性的方法——立体思维法。

对于上面两个简单的问题，为什么同学们总是无法很好地找到解决的方法，而只有在看见正确答案时才恍然大悟。因为我们平常遇见的问题大都是平面几何，渐渐地就形成了一种思维定式，每次看见新的问题时，总会先入为主地采用这种平面的思想来试图解决它，而放弃了其他的想法和思路。虽然这种定式可以让我们从容应对大部分问题，甚至可以不假思索地迅速解决问题，但当遇见新类型的难题时，思维定式总会成为成功的绊脚石。而立体几何题就是利用人们这种思维定式，让原本简单的题变得不易解决。

立体思维法不仅仅指上述采用空间三维形式的思路解决几何问题，它更大的目标就是要让我们跳出平面思维定式，重新找回创新的思维方式。这就必须有目的地对自己加以训练，每次遇到新的问题时，不仅仅为了解决它，更要思考采用不同的方法、运用新的思路来解决。长此以往就可以保持我们头脑的灵活性、创新性和发散性，不受思维定式困扰。

历史上大凡有成就的发明家无不具有这种创新的立体思维方式，很多时候他们甚至不被常人所理解，而被视为异类和不受欢迎的人，但是他们最终都取得了那些常人无法达到的成就。伟大的哥白尼就是这样一个人，他通过长期的观测发现地球其实并不像人们认为的那样是宇宙的中心，而太阳才是中心，就连地球也是绕着太阳运动的。他的日心学说重重地打击了教会的宇宙观，改变了整个人类对宇宙的认识，取得了唯物主义和唯心主义斗争的伟大胜利。

同学们，你是否具有立体思维的能力？让我们一起发挥智慧、积极思考，最大限度地锻炼自己的创新能力，将来也能成为一个伟大的人。

拓展链接

▲詹姆斯·瓦特

詹姆斯·瓦特（1736—1819）是英国著名的发明家，是工业革命时期的重要人物，英国皇家学会会员和法兰西科学院外籍院士。他的主要成就是对当时已出现的蒸汽机原形设备作了一系列的重大改进，发明了单缸单动式和单缸双动式蒸汽机，极大提高了蒸汽机的热效率和运行可靠性，推动了蒸汽机的广泛应用，对当时社会生产力的快速发展作出了杰出贡献。后人为了纪念他，将功率和辐射通量的计量单位称为瓦特，用符号“W”表示。他的名字将永远刻在人类的历史簿上。

19 奇怪的遗嘱

引　言

遗嘱是一个人说明他死后如何处理其动产和不动产的书面文件。自古以来，遗嘱总是可以让一些人无比欢欣，也会让一些人争斗不休。

有的人用遗嘱来了结自己的夙愿，有的人将自己生前的财产赠送给亲人或者朋友等人。历史上有着五花八门的遗嘱，比如英国男子诺曼·迪格维德在1976年去世时，在遗嘱中宣布将他的全部财产——26 404英镑留给耶稣；德国女伯爵卡罗塔在1991年去世的时候，留下遗嘱将自己5 000万英镑的巨额财富全部留给她心爱的宠物狗。

▲遗嘱

历史上还有一些非常奇怪的遗嘱，今天就让我们来一探究竟吧。

故事中的数学

有一位老人，他有三个儿子和十七匹马。后来他生了病，一天比一天严重。在临终前，他把三个儿子叫到床前，对儿子们说："我已经写好遗嘱了，我把马留给你们，你们一定要按我的要求去分。"

▲兄弟分马

在这位老人去世后，三兄弟看到了遗嘱。遗嘱上写道：把十七匹马全都留给三个儿子。长子得一半，次子得三分之一，给幼子九分之一，不许流血，不许杀马。

起先，他们以为这是一件非常容易的事，可是他们商量来商量去，商量了老半天，也没有找出一种符合老人规定的分法。因为17的一半是17/2，17的1/3是17/3，17的1/9是17/9，这三个数都不是整数，可是又不能杀马分肉。这可难坏三兄弟了。即使是问当地有学问的那些人，大家也无一例外地摇头了，没有人能想出一个好的办法，这可怎么办呢？

这天，有个农夫牵着一匹马经过，听到这三兄弟唉声叹气的，便问是怎么一回事，兄弟三人就把来龙去脉给农夫讲了，听完后，农夫想了想说："这个好办，我把我这匹马借给你们，你们再按照父亲的遗嘱分，分完了把马还给我就好了。"

兄弟三人听了面面相觑，怎么可能呢？加进一匹马去分就可以解决问题，并且这匹马还能还给老农？但因为没有别的办法，所以大家还是决定试一试。

▲到底怎么分呢？

老人原来有17匹马，加上农夫的那匹，一共18匹马，于是三兄弟按遗嘱，分别得到了18匹的1/2即9匹，18匹的1/3即6匹和18匹的1/9即两匹，9+6+2=17（匹），正好将农夫借给他们的那匹原封不动地还给农夫。

这个难题怎么就在这变魔术的一借一还中，干脆利落地解决了呢？

我们先看看这样一个事实：1/2+1/3+1/9=17/18<1，也就是说，即使不考虑父亲关于不许流血和不许杀马的要求，把17匹马的1/2、1/3和1/9分给三个兄弟，并没有把这17匹马全部分完，这17匹马中还有1/18没有分呢，那这个剩下的1/18匹马分给谁呢？

如果按照遗嘱，把 17 匹马全部留给三个儿子，剩下的这 1/18 匹马还应该继续分给三个儿子，而且还应该给老大 1/2，给老二 1/3，给老三 1/9，这样下去无限次也没有办法把这些马全部分完，这可怎么办呢？

让我们再仔细研究研究老人的遗嘱，这份遗嘱实际上包含三个要求：第一，要把这 17 匹马全部都分给三个儿子；第二，要给老大 1/2、老二 1/3 和老三 1/9，实际上就是按照 1/2 ∶ 1/3 ∶ 1/9 这样的比例进行分配；第三，不许让马流血，也不许杀马。一个分配方案只要满足上面这三个条件，就满足老人的遗嘱了。

遗产有 17 匹马，加上农夫借给的那 1 匹，一共 18 匹马，按照 18 匹马的 1/2、1/3、1/9 分配给这三个兄弟，三个兄弟分别得到 9 匹、6 匹和 2 匹，加起来恰好就是 18 匹，又没有让马流血、杀马，三个条件完全满足，所以农夫的分法是完全符合遗嘱的要求的。

那么除此之外，还有没有别的满足条件的分法呢？让我们来探讨一下。

如果不借用农夫的马，我们也可以把 1/2 ∶ 1/3 ∶ 1/9 化为整数，可以得到 9 ∶ 6 ∶ 2，这样分给老大 9 匹、老二 6 匹和老三 2 匹，也正好是 17 匹。这样既恰好把 17 匹马全都分完，又符合 1/2 ∶ 1/3 ∶ 1/9 的比例，又没有让马流血和杀马，所以这种方案也能完全符合老人遗嘱的要求。

还有另外一种不借用农夫的马也能符合老人的要求：

先不考虑老人关于不许马流血和不许杀马的要求，在第一次分配中，把 17 匹马的 1/2、1/3 和 1/9 分别分给三兄弟，剩下不到一匹马；

在第二次分配中，把这剩下的不到1匹马的1/2、1/3和1/9分别分给三兄弟，还剩下一部分马；第三次分配中，将第二次分配中剩下的马的1/2、1/3和1/9分别分给三兄弟，这样还剩下一部分……依次往下分，无穷无尽地分下去，于是这三兄弟所得的马都是一个无穷级数的和。

这个无穷级数的和的首项分别是：17/2，17/3和17/9，公比都是1/18，根据无穷级数的和可以算出，三兄弟分别分得马的数目为9匹、6匹和2匹。

这样，首先进行分析和计算，得出三兄弟分别分得的马匹数之后再统一进行一次性分配，这样也能满足分配的要求。

同学们还有没有别的分配方法呢？可以动脑想一想哦。

拓展链接

花拉子密的遗嘱

据说，阿拉伯著名的数学家花拉子密在他的妻子正怀着他们的第一胎小孩时，留下了这样一份遗嘱：

如果我妻子生的是儿子，则我们的儿子将继承2/3的遗产，我的妻子将继承1/3的遗产；如果我的妻子生的是女儿，则我的妻子将继承2/3的遗产，我的女儿将继承1/3的遗产。

▲花拉子密像

这位数学家没等到孩子出生就去世了。之后发生的事情，让大家都困扰了，他的妻子竟然生下了一对龙凤胎，按照数学家的遗嘱，他的遗产究竟该怎样分给他的妻子、儿子和女儿呢？

▲守财奴

守财奴的遗嘱

一个守财奴生前积累了很多金条，可到临死的时候也不愿分给儿子们。他写了一份难解的遗嘱，要是解开这个遗嘱，就把金条分给他们，要是没解开，金条就永远藏在无人知晓的地方。他的遗嘱是这样写的：

我所有的金条，分给长子一根又余数的1/7，分给次子两根又余数的1/7，分给第三个儿子三根又余数的1/7……以此类推，一直到不需要切割地分完。你能算出守财奴一共有多少根金条，多少个儿子吗？

20 米兰芬算灯

引言

《孙子算经》这部伟大的数学著作，对后世有着深远的影响。这不，聪明的米兰芬便是受其影响者之一，她利用《孙子算经》中的“鸡兔同笼”法，巧妙地算出了灯的数目，赢得了众姐妹的佩服，这故事也广为流传，让我们来听听，到底是怎么回事呢？

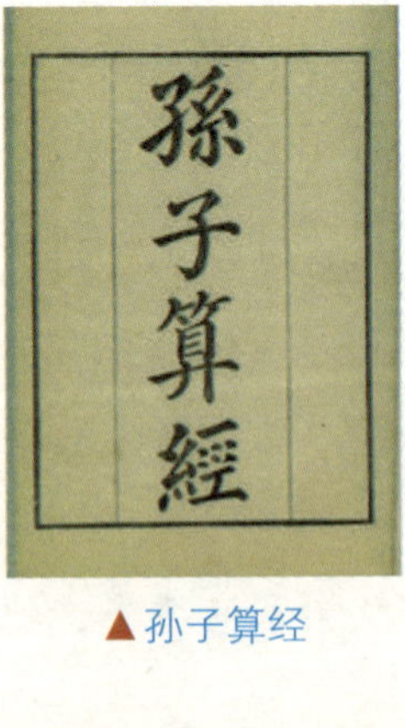

▲孙子算经

故事中的数学

清代的李汝珍是个“学无所不窥”的才子，他写的《镜花缘》是一部与《西游记》《封神榜》《聊斋志异》同辉璀璨、带有浓厚神话色彩、浪漫幻想迷离的中国古典长篇小说。在这本书里，李汝珍写了100个才女，她们有的精通琴棋书画，有的擅长医学星相，有的专于算法……其中有一位叫米兰芬的“矾花仙子”精通算学，书中描写了一个她计算灯数的故事。

▲镜花缘

一日，宗伯府的女主人邀请众才女们到府中的小鳌山楼上观灯。灯上装饰着五彩缤纷的灯球，整个小鳌山绚丽多姿。楼上灯的形状有两种：一种灯是上面3个大球，下缀6个小球；一种灯是上面3个大球下面18个小球。楼下的灯也有两种：一种是1个大球缀2个小球；一种是1个大球缀4个小球。知道楼上有大灯球396个，小灯球1 440个，楼下有大灯球360个，小灯球1 200个。姐妹们要聪明的米兰芬算一算楼上楼下的四种灯各有多少盏？

▲花灯

米兰芬想了想说：“以楼下论，将小灯球数折半，得600，减去大灯球数360，可知缀4个小灯球的灯数为240，用360减240得120，可知缀2

个小灯球的灯数为120。此用‘鸡兔同笼’之法。”用同样的方法算楼上灯数：“以1 440折半，得720，720 − 396=324，324 ÷ 6 = 54。得缀18个小灯球的灯数为54。用396 − 54 × 3 = 234，234 ÷ 3 = 78。即得缀6个小灯球的灯数为78。”

“矶花仙子”这行云流水的一番算法，把在场的姐妹们也都搞糊涂了，这米兰芬所说的“鸡兔同笼”法究竟是个什么算法？

▲鸡兔同笼

原来米兰芬所谓的“鸡兔同笼”是我国古代著名趣题之一。大约在1 500年前，《孙子算经》中就记载了这个有趣的问题。书中是这样叙述的：“今有雉兔同笼，上有三十五头，下有九十四足，问雉兔各几何？”简单来说就是，有若干只鸡兔同在一个笼子里，从上面数，有35个头；从下面数，有94只脚。问笼中的鸡和兔各有多少只？

《孙子算经》中的算法妙不可言，不信？一起来看看：题目中给出的鸡兔的总数目是35只，如果把兔子的两只前脚用绳子捆起来，看作是一只脚，两只后脚也用绳子捆起来，看作是一只脚，那么，兔子就成了2只脚，即把兔子都先当作两只脚的鸡。鸡兔总的脚数是35 × 2=70（只），比题中所说的94只要少94−70=24（只）。接着松开一只兔子脚上的绳子，总的脚数就会增加2只，即70+2=72（只），再松开一只兔子脚上的绳子，总的脚数又增加 2……一直继续下去，直至增加 24，因此兔子数：24 ÷ 2=12（只），从而鸡有 35−12=23（只）。

算经中首先假设它们全是鸡，于是根据鸡兔的总数就可以算出在假设下共有几只脚，把这样得到的脚数与题中给出的脚数相比较，每差 2 只脚就说明有 1 只兔，将所差的脚数除以 2，就可以算出共有多少只兔。同样的，同学们也可以假设笼子中全部是兔子来算算看。

现在大家明白米兰芬的算灯法了吧！楼下的灯，1 个大球缀 2 个小球，就相当于“鸡兔同笼”中的“1 只鸡有两只脚”，而 1 个大球下缀 4 个小球就相当于“一只兔有四只脚”。这样，直接运用“鸡兔同笼”的方法就可以算出楼下的灯数来了。

而楼上的灯，小球数折半，就相当于把灯改制成“每灯 3 个大球，下缀 3 个小球”和“每灯 3 个大球，下缀 9 个小球”这两种。如果都是前一种灯，和鸡收起一只脚的道理一样，大小灯球数应相等。现小球数折半后为 720，大球数 396，多出 324 个小球。这多出的 324 个小球是第二种灯每盏多出 6 个的缘故，从而用 324 ÷ 6 ＝ 54，即其中有 54 盏第二种灯。每盏灯有 3 个大灯球，用 54 乘以 3，得出第二种灯共用大灯球 162 个。现在大灯球一共有 396 个，用 396 减去第二种灯的大灯球数 162 个，得出第一种灯用大灯球 234 个。又因为每盏灯用大灯球 3 个，用 234 除以 3，所得数 78 就是楼上的灯数了。

同学们，如果是你来算灯数，你会怎么做呢？还有别的方法吗？

拓展链接

在听完故事后，你会解以下的问题了吗？动脑试一试吧。

1. 知识竞赛中，有 10 道判断题，评分规定：每答对一题得 2 分，答错一题要倒扣一分。小明同学虽然答了全部的题目，但最后只得了14分，请问，他答错了几题？

2. 蜘蛛有8条腿，蜻蜓有6条腿和2对翅膀，蝉有6条腿和1对翅膀。现在这三种小虫16只，共有110条腿和14对翅膀。问，每种小虫各几只？

3. 某次数学测验共20题，做对一题得5分，做错一题倒扣1分，不做得0分。小华得了76分，问他做对了几题？

4. 刘老师带了41名同学去北海公园划船，共租了10条船。每条大船坐6人，每条小船坐4人，问大船、小船各租几条？

21 毕达哥拉斯定理

引　言

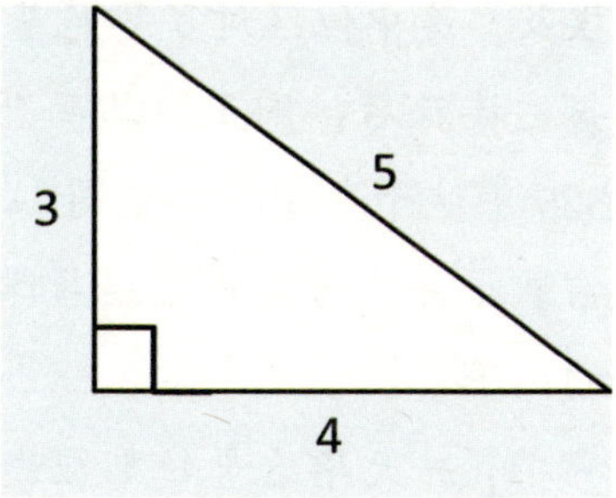

▲勾三股四弦五

你可能会不知道毕达哥拉斯定理是什么意思，但是当听见它的中文名字时，想必你一定不会不知道，这就是著名的勾股定理：直角三角形中，两直角边的平方和等于斜边的平方。“勾三股四弦五”这句耳熟能详的数学经典熟语，让我们认识并了解了这个实用的定理，而在外国它被称为毕达哥拉斯定理。

你知道勾股定理是怎样被发现的吗，那就一起来看看它背后的故事吧。

背后的故事

▲毕达哥拉斯

公元前580年，毕达哥拉斯出生在古希腊东部米里都附近的一座小岛上，当时这里非常兴旺繁盛，经济、文化等各方面都远远领先于希腊本土的各个城邦。他的父亲是一个富商，九岁时小毕达哥拉斯就被送到了提尔，在叙利亚学者那里学习，在那里他接触到了东方的宗教和文化，此后他又多次随父亲到小亚细亚旅行。

由于深受东方文化、宗教的吸引，毕达哥拉斯常常穿着东方服饰，蓄上头发在家乡宣传理性神学，这在当时是有违传统风俗和信仰的，他的这种做法也逐渐引起了当地人的反感和敌意，认为他标新立异，鼓吹邪说。毕达哥拉斯最终只能背井离乡，于公元前535年只身前往埃及，途中他经过了腓尼基的各沿海城市，并在当地学习神话和宗教。抵达埃及后，国王阿马西斯推荐他进入神庙学习。从公元前535至前525年这十年中，毕达哥拉斯又学习了象形文字和埃及神话、历史、宗教，并广为宣传希腊哲学，受到许多人的尊敬，有不少学徒投到他的门下。

有一天毕达哥拉斯应邀参加当时声名显赫的一位王族大臣举办的餐会，在如宫殿般华丽的餐厅中到处装饰着剔透的水晶，挂着精美的油画，就连桌上的餐具也闪耀着金光。当宾客都被这番富贵的景象所吸引时，这位善于观察和理解的数学家却目不转睛地凝视着脚下排列规则的方形大理石瓷砖。

其实毕达哥拉斯并不是在欣赏瓷砖的美丽，而是发现了它们与“数”之间的奇妙关系。他找来一支画笔，蹲在地板上，以每块瓷砖的对角线为边画出一个正方形，他发现这个正方形的面积恰好等于2块瓷砖的面积之和。

这时他更加好奇了，于是再以2块瓷砖拼成的矩形作对角线，用这样的对角线组成另一个正方形，而这个正方形的面积恰好等于这样5块瓷砖的面积。毕达哥拉斯兴奋地发现，构建的正方形面积总是等于组成每条边的瓷砖数（如图1和图2）的平方和。他进一步大胆地假设：任何直角三角形中，其斜边的平方一定等于两直角边的平方之和。

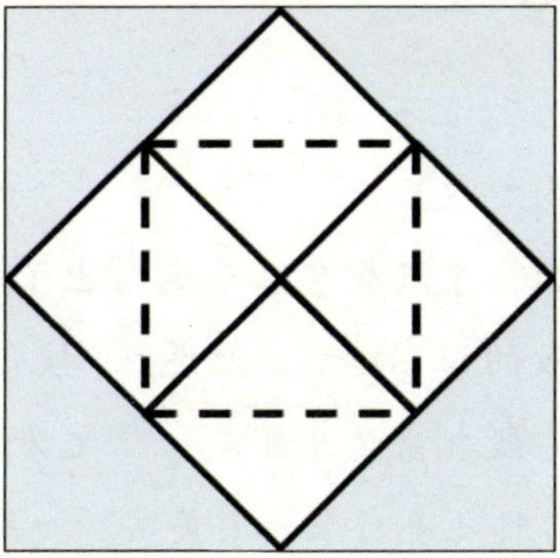

▲图 1

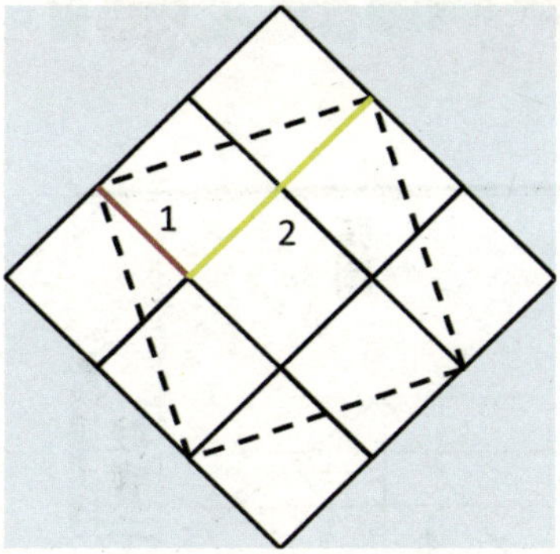

▲图 2

其实，在中国，我们的先人很早就发现了这个定理。《周髀（bì）算经》是我国最古老的天文学著作，约成书于公元前 1 世纪，在数学和天文学上都达到了极高的造诣。这本书中详细记载了勾股定理的叙述与证明，相传最早是由商代的商高发现的，因此又称为商高定理。

在这本书的上卷一中记载了这样一段话：昔者，周公问于商高曰："窃闻乎大夫善数也，请问古者包牺立周天历度，夫天可不阶而升，地不可得尺寸而度，请问数安从出？"商高曰："数之法出于圆方。圆出于方，方出于矩，矩出于九九八十一。故折矩以为勾广三，股修四，径隅五。既方其外，半之一矩。环而共盘，得成三、四、五。两矩共长，二十有五，是谓积矩。故禹之所以治天下者，此数之所生也。"

古人好观天文日向，周公也不例外，但是他对其中所运用的数学知识并不了解，于是向擅长数学的商高请教"没有梯子可以上天，没有尺子可以量地，你是怎样知道天地大小的呢？"商高向周公详细讲述了勾股定理的证明过程，还引用勾三股四弦五作为例子说明这个道理，并且早在大禹治水时人们就总结出了这个定理。短短几言便道出了真理，现在看来中国古人的智慧和解决问题的巧妙方法也不

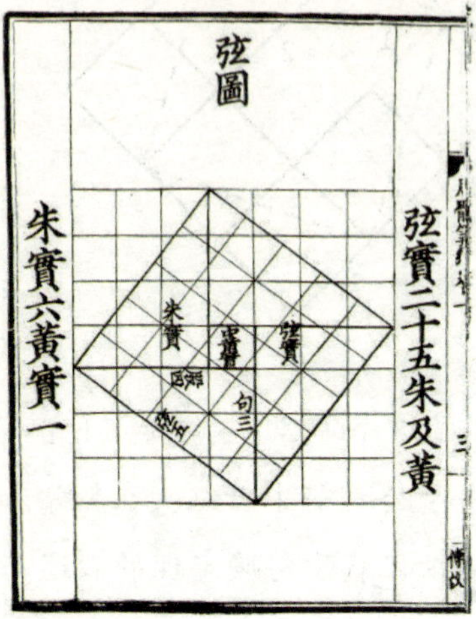

▲赵爽弦图

得不令人赞叹！

而后，东汉数学家赵爽给出了一个更为细致的证明过程，他说："按弦图，又可以勾股相乘为朱实二，倍之为朱实四，以勾股之差自乘为中黄实，加差实，亦成弦实。"意思是：用下图中勾和股相乘的面积就等于朱实面积的两倍，翻倍就可以得到朱实面积的四倍，而用勾和股的差自乘就得到中黄实的面积，将四个朱实与中黄实相加便得到以弦为边的正方形的面积。通过以上过程他总结出了"勾股各自乘，并之为弦实，开方除之，即弦"的道理。左图也被人们称为"赵爽弦图"。

拓展链接

无论在中国还是外国，从古至今勾股定理始终都是人们津津乐道的话题，数学家们想出了各种各样的方法来证明勾股定理，我们也来学习几种巧妙的思路。

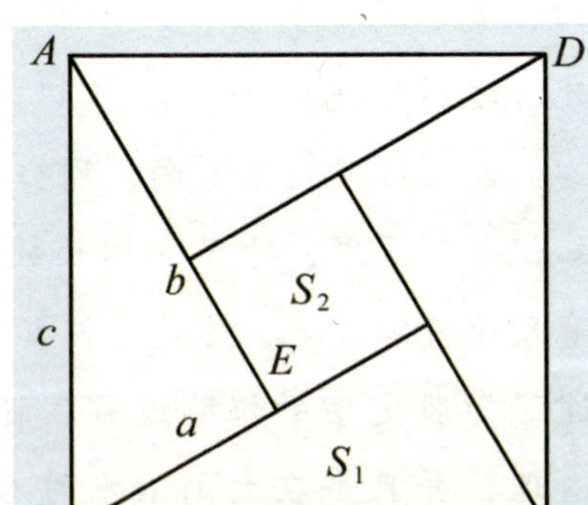

1. 赵爽弦图法（如右图所示）

$2S_1=a\times b$

$4S_1=2(a\times b)$

$S_2=(b-a)\times(b-a)$

大正方形面积：

$S=4S_1+S_2=2(a\times b)+(b-a)\times(b-a)=c^2$

整理可得：$a^2+b^2=c^2$

这也被誉为“最省力的证明方法”。

2. 欧几里得证法

在欧几里得的《几何原本》一书中也给出了勾股定理的证明方法，如右图：

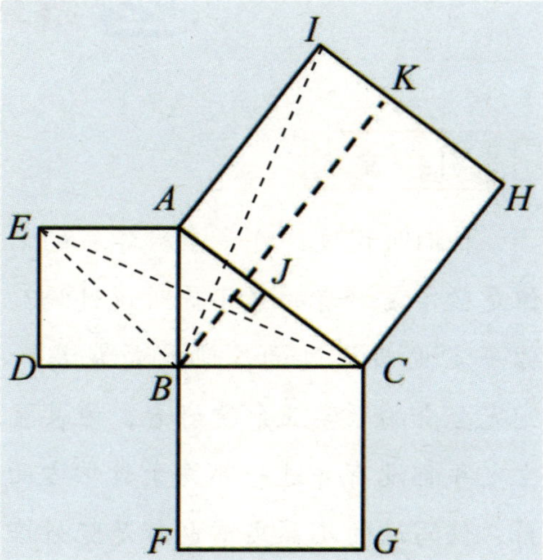

▲勾股定理的证明

直角△ABC中，∠ABC为直角，$ABDE$、$BCGF$、$ACHI$分别为以三角形三边为边长的正方形（如右图所示）。

（1）从B点向AC边作垂线，分别交AC、HI于J和K点，并且容易证明BK平行于AI；

（2）$\because \angle EAC=\angle BAI$，且$EA=AB$，$AC=AI$，

$\therefore \triangle EAC\cong\triangle BAI$；

（3）又$\because \frac{1}{2}S_{AIKJ}=S_{\triangle JAI}=S_{\triangle BAI}=\frac{1}{2}S_{ABDE}$，$\therefore S_{AIKJ}=S_{ABDE}$；

（4）同理可证$S_{CHKJ}=S_{BCGF}$；

（5）$\therefore S_{ACHI}=S_{AIKJ}+S_{CHKJ}=S_{ABDE}+S_{BCGF}$；

（6）即可证明：$AC^2=AB^2+BC^2$。

在历史上包括达·芬奇等名人，都纷纷想出了自己的办法来证明这个著名的定理。有人曾经做过一个统计，找到了300多种不同的证明方法，并且还有更多的方法没有统计完。你能自己尝试着想出一种思路来证明吗？

22 费马定理

引 言

我们听说过许许多多数学家的名字，但是数学爱好者的名字你听说过吗？其实你一定也听说过的，他就是费马，一位完完全全的数学业余爱好者，他甚至在有生之年都没有著过一部关于数学方面的书籍，仅写过的几篇文章也都是隐姓埋名。直到去世之后，才由其长子将他的笔记、批注及书信整理成为《数学论集》一书出版，而正是这部传世之作，促使那个时代的数学研究向前迈进了一大步。费马也收获了“业余数学家之王”这个美誉。

▲费马

背后的故事

1601 年费马出生于法国南部图卢兹附近的小镇博蒙 - 德洛马涅，他的祖父、父亲、叔父都从事皮革生意，并且经营了一个兴隆的商行，童年的费马过着无忧无虑的幸福生活。在家乡完成中学学业以后，费马被送入图卢兹大学继续学习，而后获得了奥尔良大学民法学士学位。从小受到的良好教育也为他在数学研究方面取得的巨大成就打下了坚

▲图卢兹大学

实的基础。

大学毕业之后，费马如愿成为一名律师，曾经担任过图卢兹议会的议员，并享有长袍贵族的特权。他的这一生仿佛与数学都没有任何交集，直到去世之后，家人在整理费马的遗物时才发现了隐藏的“宝藏”。

原来费马生前有一个鲜为人知的爱好，就是研究数学，他为这美丽的数字着迷甚至痴狂。每当闲暇时候，费马总是拿着一本数学书籍专心阅读、仔细演算。为此他还自学了法语、意大利语、西班牙语、拉丁语和希腊语，这样不仅能方便研究法国数学家韦达的著作，而且可以深入钻研那些古典的希腊数学著作。每当遇到不懂的问题，费马总是喜欢与友人用书信的方式进行探讨和交流，但他生性谦虚谨慎、淡泊名利，很少发表文章，仅有的几篇也大都隐姓埋名发表。

费马先后阅读过阿基米德、阿波罗尼奥斯、丢番图、帕普斯等人的著作。在研究古希腊数学家丢番图的《算术》一书时，他对数论产生了浓厚的兴趣，茶余饭后费马总是拿出这本书认真地推导，有什么想法都记在书中的空白处。有一天当他读到书中的一个命题时，脑袋里突然又蹦出了个奇妙的想法。这个命题是这样叙述的：存在一个平方数分为两个平方数。意思就是存在正整数解。接着费马思考，如果不是平方而是3次方会有正整数解吗？要是4次方、5次方，又会有什么结果呢？

后来费马想到了什么，至今我们已无从知晓，但是他在那个命题旁边记下这样一段话："将一个立方数分成两个立方数之和，或一个四次幂分成两个四次幂之和，或者一般地将一个高于二次的幂分成两个同次幂之和，这是不可能的。关于此，我确信已发现了一种美妙的证法，可惜这里空白的地方太小，写不下。"这句话留下了一个千古悬疑，也成就了著名的费马定理：当 $n>2$ 时，关于 x、y、z 的不定方程 $x^n+y^n=z^n$ 没有正整数解。

▲安德鲁·怀尔斯

在此后的300多年中，无数的数学家投身到证明费马定理的队伍中，在德国甚至有人悬赏10万马克奖励第一个证明该定理的人，人们尝试了所有的方法试图找到当年费马所说的那个美妙的证法，但是结果总是令人失望。

伴随历史的脚步，数学研究也大踏步地向前迈进，各种数学理论、方法推陈出新，人们希望新的知识可以解决这个困扰数学界几个世纪的难题。当然，结果也并不总是消极的，欧拉成功证明

了 n=3 的情形，狄利克雷证明了 n=5 的情况，后来库默尔发明了小于 100 的素指数 n 的证法。数学家们在这条道路上缓慢地前进着，直到 1995 年普林斯顿大学的英国数学家安德鲁·怀尔斯和他的学生理查·泰勒成功证明出了费马定理，才彻底解决了这个世纪难题。

然而关于费马定理的猜测和传说并没有就此停止。有人认为一定有更加简单的证明方法，因为在三个世纪以前，根本没有现在用到的许多先进的数学理论，而书中记载的那个美妙的证法仍然深藏在逝去的费马心中。另外一些人则猜测，其实当时费马根本没有想出美妙的证法，而仅仅在书上写下了这样一段让人迷惑的语言。

现在我们已无从得知费马是怎样创造出这样一个伟大的定理的，但是人们在追求和探索的道路上所表现出的勇气和毅力却是比定理本身更加伟大的一种精神，正是这种精神推动了人类文明的进步。

拓展链接

费马所作出的成就其实远不止费马定理，接下来让我们一起来了解一下这位“业余数学家之王”。

在 1629 年以前，费马便重写了公元前 3 世纪古希腊几何学家阿波罗尼奥斯失传的《平面轨迹》一书。他用代数方法对阿波罗尼奥斯关于轨迹的一些失传的证明作了补充，对几何学，尤其是圆锥曲线论进行了总结和整理，并于 1630 年用拉丁文撰写了仅有 8 页的论文《平面与立体轨迹引论》，虽然这篇论文在他去世 14 年之后才得以出版，但是他对解析几何的贡献却是开创性的。

微积分学作为近代数学最重要的发明，费马同样是它的先驱之一。牛顿就曾经说过：“我从费马的切线作法中得到了这个方法的启示，我推广了它，把它直接地并且反过来应用于抽象的方程。”为了更好地完成透镜设计，费马开始探求曲线的切线，在进行了各种尝试之后，他成功找到一种求切线的方法，并发表在手稿《求最大值和最小值的方法》中，而他的这种思路正是微积分学的雏形。

除此以外，费马在概率论和数论方面的研究也颇有建树，虽然他不是一个专业的数学家，但是他为数学界所作出的贡献足以让我们每个人所铭记。

23 哥德巴赫猜想

引 言

高斯曾经说：数学是科学的女皇，数论就是女皇头上那华丽的皇冠，在皇冠上镶嵌着一颗绝美的宝石，这就是哥德巴赫猜想。几个世纪以来，无数的数学家为了它耗尽心血，希望能摘下这颗宝石，但是却始终可望而不可及，哥德巴赫猜想也保持着那神秘的面纱，在不远的地方等待真理揭开那一天的到来。

背后的故事

1690 年哥德巴赫出生于俄国的格奥尼格斯别尔格（现加里宁城），从小受过良好的教育。年轻的哥德巴赫曾在英国牛津大学学习法学，他在欧洲各国访问和学习期间结识了贝努利家族，并因此对数学研究产生了浓厚的兴趣，开始进行数学方面的研究。

哥德巴赫非常喜欢到处旅游，在旅游过程中结交了许多数学家，

▲哥德巴赫

大名鼎鼎的欧拉也在其中，他们经常通过书信的方式交流成果和想法，从1729年至1764年期间，保持了长达35年的书信往来，著名的哥德巴赫猜想也正是源于他们之间思想碰撞出的火花。

在1742年6月7日哥德巴赫写给欧拉的信中，他提出了一个新颖的命题："我的问题是这样的，随便取某一个奇数，比如77，可以把它写成三个素数（也称为质数）之和77=53+17+7；再任取一个奇数，比如461，也可以写为三个素数之和461=449+7+5，461还可以写成257+199+5，仍然是三个素数之和。并且我还发现，任何大于或等于9的奇数都是三个素数之和。但怎样才能证明呢？虽然我做过的每一次试验都得到了上述结果，但是不可能把所有的奇数都拿来检验，需要的是一般的证明，而不是个别的检验。"欧拉读了这封信以后非常激动，但是也给不出严格的证明，他在回信中说道："这个命题看起来是正确的。"然后也提出了另一个命题："任何大于（或等于）6的偶数都是两个奇质数之和，虽然我还不能证明它，但我确信无疑，它是完全正确的定理。"可以看出，哥德巴赫的命题是欧拉命题的一个推论。事实上，任何一个不小于9的奇数都可以写为 $2N+1=3+2(N-1)$ 的形式，其中 $2(N-1)\geqslant 6$。若欧拉的命题成立，则偶数 $2N$ 可以写成两个素数之和，于是奇数 $2N+1$ 可以写成三个素数之和，从而，对于大于9的奇数，哥德巴赫的猜想成立。反之，哥德巴赫的命题成立却并不能保证欧拉命题的成立，因而欧拉命题的要求比哥德巴赫的命题更高，称为强哥德巴赫猜想，后者称为弱哥德巴赫猜想。

当年，这两位数学家为这个猜想的发现而感到兴奋，同时他们也为无法证明哥德巴赫猜想而困惑，虽然尝试了各种方法，但是始终还是解决不了看似简单的命题。而哥德巴赫的遗憾也流传到了 3 个世纪后的今天，数学家们仍然在追寻真理的曲折道理上艰难地前行着。

在之后的两百年中人们对哥德巴赫猜想仍然无从下手，直到 20 世纪才开始有人找到思路去靠近它。1920 年挪威数学家布朗改进了一种古老的筛选法，得出了一个与猜想相近的充分命题：每一个不小于 6 的偶数都可以表示为九个质数的积加上九个质数的积，简称“9+9”。需要说明的是，这个 9 不是确切的 9，而是指 1，2，3，4，5，6，7，8，9 中可能出现的任何一个，它们又被称为“殆素数”，意思是很像素数。虽

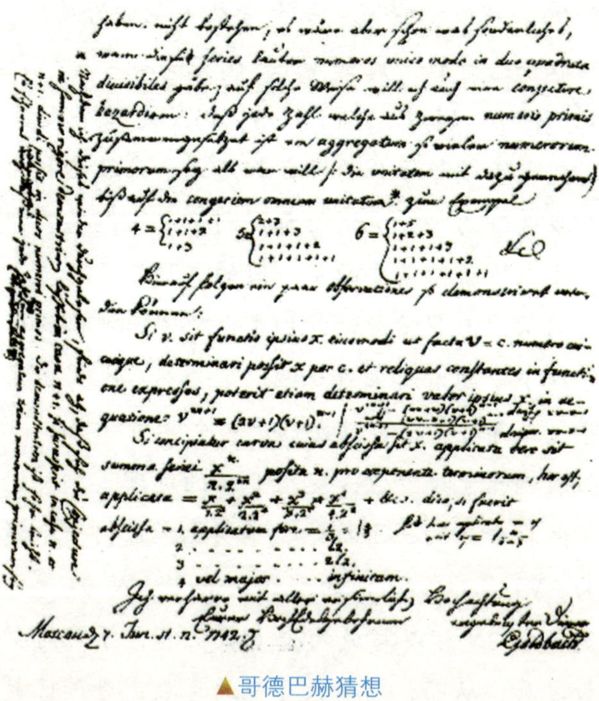

▲哥德巴赫猜想

然这个命题与哥德巴赫猜想没有直接联系，但是这种缩小包围圈的办法很管用，科学家们希望从“9+9”开始，逐步减少每个数里所含质数因子的个数，直到最后使每个数里都是一个质数为止，即“1+1”，这样就完成哥德巴赫猜想的证明了。

从此，数学家们开始用这个命题来靠近这颗皇冠上的宝石，每缩小一个数字就向哥德巴赫猜想更进一步，至今已经在这条路上取得了许多成果，也成就了许多著名的数学家。

1920 年，挪威的布朗证明了“9 + 9”。

1924 年，德国的拉特马赫证明了“7 + 7”。

1932 年，英国的埃斯特曼证明了“6 + 6”。

1937 年，意大利的蕾西先后证明了“5 + 7”“4 + 9”“3 + 15”和“2 + 366”。

1938 年，苏联的布赫夕太勃证明了“5 + 5”。

1940 年，苏联的布赫夕太勃证明了“4 + 4”。

1948 年，匈牙利的瑞尼证明了“1+ c”，其中 c 是一个很大的自然数。

1956 年，中国的王元证明了“3 + 4”。

1957 年，中国的王元先后证明了“3 + 3”和“2 + 3”。

1962 年，中国的潘承洞和苏联的巴尔巴恩证明了“1 + 5”，中国的王元证明了“1 + 4”。

1965 年，苏联的布赫夕太勃和小维诺格拉多夫，及意大利的朋比利证明了“1 + 3”。

1966 年，中国的陈景润证明了“1 + 2”。

至此，人们接近哥德巴赫猜想只有一步之遥，大家都兴奋地认为最后的证明会在不远的将来揭开神秘面纱。但是，咫尺之遥却又相距千里，随着“陈氏定理”的问世，数学家们发现陈景润已经将筛选法用到了极致。甚至有人宣称它的出现标志着布朗筛选法证明的结束，我们又已经回到了证明的原点处。

▲陈氏定理

拓展链接

虽然哥德巴赫猜想至今仍然没有得到证明，但是它带给人类的意义已经远远超出了问题本身。哥德巴赫猜想在历经几个世纪之后，早已成为一种象征，一个数学家们追寻的梦想，激励着人们在探求它的路上发现新的理论，推动了整个数学不断前进。

而当年“陈氏定理”也如一声春雷在东方雄狮的头顶炸响，让这个沉睡的雄狮开始清醒，它也让世界再次听见了来自中国的声音，中华民族又重新找回了自信。

正如探险家们所言：最好的风景就在路上。终点的美并不在它自身，而是它所带给我们的沿途风景。哥德巴赫猜想就在那里，我们却没有到达，这就是数学的魅力。

24 哥尼斯堡七桥问题

引　言

18 世纪，在美丽的普莱格尔河畔坐落着一个风景秀丽的小城哥尼斯堡（今属于俄罗斯加里宁格勒），小城沿着蜿蜒的河流而建，为了方便出行和两岸居民的来往，河上共修建了七座桥，人们每天穿梭于小桥之上，往返于两岸之间，过着安静而悠闲的生活。这里还流行着一项有趣的消遣活动，每当周六的傍晚，所有的市民都走出家门和邻居们一起沿河散步，分享一周的见闻趣事。他们身着漂亮的衣服，唱着欢快的歌曲从家里出发，经过每一座桥，然后回到家中。但是，这也产生了一个令人困惑的问题：怎样找出一条路线，可以不重复地走遍每一座小桥回到起点呢？

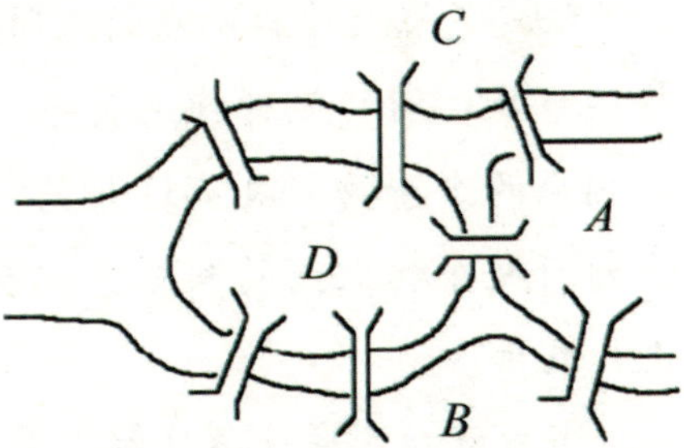

▲七座桥示意图

背后的故事

虽然存在这个小小的困惑，但是哥尼斯堡的居民们还是享受着每周一次的散步消遣活动，似乎没有察觉其中的奥秘。

1727 年，刚满 20 岁的天才数学家欧拉，被邀请到俄国的圣彼得堡（原列宁格勒）科学院作研究，到 1735 年的时候他已经成为家喻户晓的大人物了，几名大学生写信给他讲述了令许多人困惑的哥尼斯堡七桥难题，希望这位数学家可以计算出一条正确的路线。

欧拉也被这个有趣的问题所吸引，晚上回到房间冥思苦想，却始终找不到正确的解决方法。是不是七桥问题本身就是无解的呢，他开始怀疑，但是怎样才能证明这一点呢？这当然难不倒聪明的欧拉，他想出一个巧妙的思路，用前人完全没有用过的方法成功地解决了这个难题，并于1936年向圣彼得堡科学院递交了名为“哥尼斯堡的七座桥”的论文。这篇论文的发表同时也开创了现代数学的一个新的分支——图论与几何拓扑。

顾名思义，图论与几何拓扑学主要以图为研究对象，这些图是由若干给定的点及连接两点的线所构成的点线图形，它们通常用来描述某些事物之间的某种特定关系，用点代表事物，用连接两点的线表示相应两个事物间具有这种关系。通过研究简单图形中的几何关系达到研究事物之间的联系，把抽象化的关系替换为实实在在的图形进行表示。

当年欧拉到底是怎样解决哥尼斯堡七桥难题的呢？其实，他首创了图论的思维，将两岸和小岛全部视为一些简单的点，将每座桥视为一条连接两点的曲线，居民们的行进路线难题也就变成如何找到一个方法能不重复地一笔画出这个图形，就是所谓的“一笔画问题”。

经过仔细的分析和研究，欧拉总结出了“一笔画”的规律：能“一笔画”的简单图形必须是连通图（连通图指各个部分都是

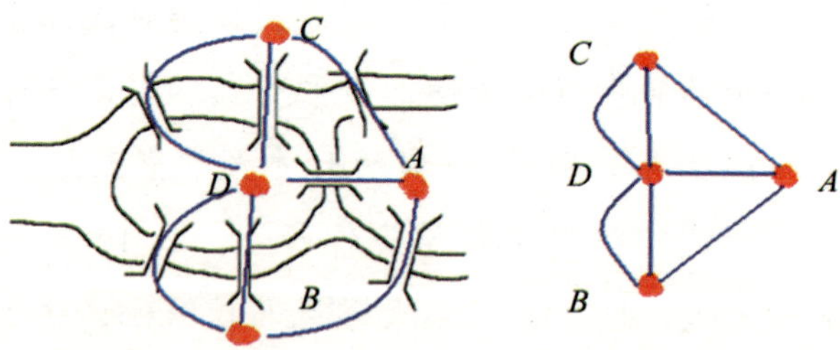

▲七座桥的抽象点线图

有边相连的点线图），但并不是所有的连通图都可以“一笔画”。

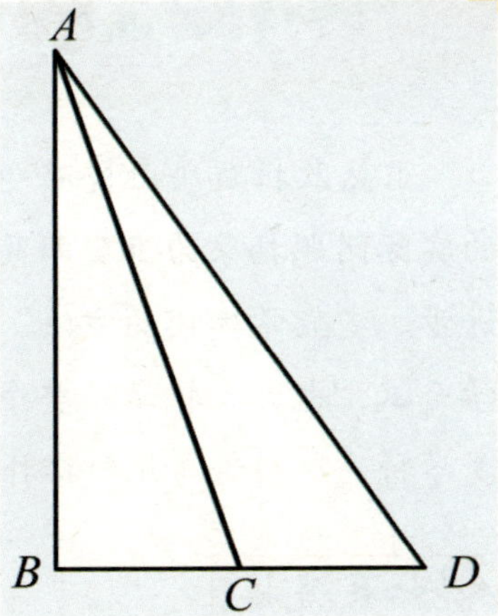

欧拉认为连通图中的点可以分为两类，即偶点和奇点。偶点就是有偶数条边相连的端点（如右图中的B、D点），奇点当然是有奇数条边相连的端点（如右图中的A、C点）。

（1）当一个点是偶点时，我们总是可以从一条边到达这个端点，然后从另一条边离开端点，因此它是一个“有进有出”的端点，可以作为图中的过路点。但是，假如起点和终点为同一点时，路线从其中一边出发，另一边回到端点，也可以为偶点。

（2）当一个点是奇点时，路线必定会有一条单数边“只进不出”或者“只出不进”，因此这样的端点只能作为路线的起点或者终点，不能为过路点。

（3）从上述思路，我们可以发现，如果要“一笔画”完成某个点线图，最多只能有2个奇点（一个作为起点，一个作为终点），或者没有奇点（起点和终点为同一点）。欧拉还进一步证明了：凡是全部由偶点组成的连通图，或者只有两个奇点其他全部为偶点的连通图，一定可以用一笔画完，而其他的情况都不能一笔画完。

通过欧拉的帮助，现在我们再来看看困扰哥尼斯堡居民们的七桥问题，首先将七座桥和四块陆地抽象为点线图，而且这是一个典型的连通图。然后判断四个点的奇偶性，结果是图中的 *A*、*B*、*C*、*D* 全部为奇点。根据上述结论可以知道这个图形不能用一笔画成。这个有趣的难题终于被解决了，原来让人们费尽心力思考的散步路线根本就不存在！

虽然欧拉解决七桥难题的思路和结论非常简单，但是这种将复杂的实际问题抽象为直观而简单的数学模型的方法在当时却是划时代的进步。“数学建模的方法”不仅反映出了欧拉过人的智慧和超群的数学天赋，也大大推动了整个数学研究的发展。同时，一个新的数学分支学科——图论与几何拓扑也因为这个有趣的难题而诞生了。

拓展链接

事实上，在我国古代民间很早就流传着一种“一笔画”的游戏，从长期积累的游戏经验中，人们知道如果图上的点全部是偶点，则可以任意选择一个点开始，一笔画成。如果是有二个奇点的图形，那么就用一个奇点做起点，另一个做终点。但是长期以来，大家都只把“一笔画”当作一种有趣的游戏，没有引起重视，也没有数学家对它进行系统的总结和研究，不能不说这是中国古代数学的一个遗憾。

1. 你能用一笔画出下面的图形吗？

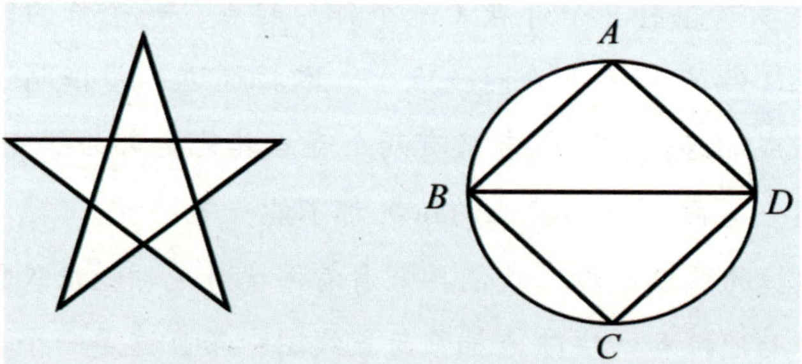

五角星的点全部是偶点，我们可以选择任何一点开始，并以它结束，就可以画完整个图形。第二个图形中的 A、C 为偶点，B、D 为奇点，必须以 B、D 中的一点作为起点，另一点为终点，就能一笔画成。

2. 下面这个图形你至少要用几笔才能画完呢?

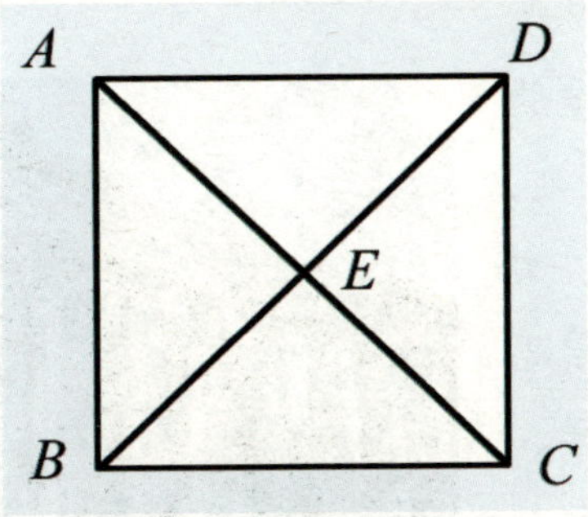

经过分析可以看出，上图中有 A、B、C、D 四个奇点和 E 一个偶点，因此不可能一笔画完，所以我们希望将它拆为可以一笔画完的多个部分。比如拆为下面的方案

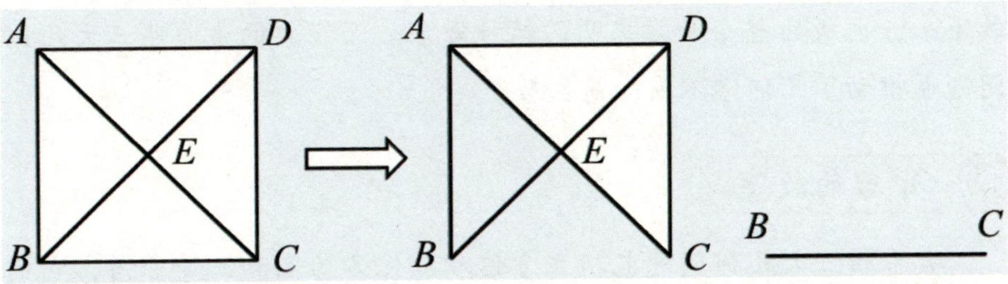

拆分的两个图形都可以用一笔画完，因此题中图形最少可以用 2 笔完成。你还能找出其他拆分方法吗?

25 古希腊三大几何问题

引 言

发源于地中海沿岸的古希腊，同古代中国、古埃及、古印度、古巴比伦一起孕育了人类最灿烂的古代文明。公元前 5–6 世纪，特别是

▲古希腊

希波战争以后，古希腊进入了发展的巅峰时期，经济、社会、生活、文化高度繁荣，在哲学思想、历史、建筑、文学、戏剧、雕塑等诸多方面都达到了很高的造诣。这一文明遗产在古希腊灭亡后，被古罗马人延续下来，也成为整个西方文明的精神源泉。而经典的古希腊三大几何问题也推动了几何学不断向前发展。

背后的故事

古希腊三大几何问题包括立方倍积、化方为圆和三等分角，它们既引人入胜，又十分困难。而问题的妙处正在于这三个问题看似非常简单，而实际上却有着深刻的内涵。它们都要求作图时只能使用无刻度的直尺和圆规（即采用尺规作图法），而且只能有限次地使用直尺和圆规。而直尺和圆规所能作的基本图形只有：过两点画一条直线、作圆、作两条直线的交点、作两圆

▲尺规作图

的交点、作一条直线与一个圆的交点。这三大几何问题也必须通过有限个上述基本图形复合得到。

立方倍积

相传当年希腊提洛斯岛上瘟疫肆虐，居民们非常恐惧，于是向守护神阿波罗祈祷，神庙里的预言修女告诉了他们神的指示："把神殿前的正立方体祭坛加到 2 倍，瘟疫就会消失。"居民们得到这个指示后非常高兴，立刻动工建造了一座新祭坛，使每边的长度都为旧祭坛的 2 倍。可是之后瘟疫不但没有消失，反而更形猖獗。正当人们再次陷入深深的恐惧之时，一个学者指出了错误："如果每边加长为 2 倍，那么体积就变成 8 倍了，神所要的是 2 倍而不是 8 倍。"大家觉得这个说法很对，于是改为在神殿前并排摆了与旧祭坛大小形状相同的两个祭坛，可是瘟疫仍不见减弱。

▲立方体

人们十分困扰地再次去祈求阿波罗，这次神指示说："你们所做的祭坛体积确是原来的 2 倍，但形状却并不是正方体了，我所希望的是体积 2 倍，而形状仍是正方体的新祭坛。" 居民们顿时恍然大悟，他们找到大学者柏拉图并请教他如何修建这样一个祭坛，这可难倒了柏拉图和他的弟子们，最终也没能解决立方倍积的难题。而由于这个古老的神话传说，立方倍积问题也被称为提洛斯问题。

化圆为方

化圆为方问题同样有着一个古老的传说。据说，最先研究这个问题的人，是一个叫安拉克萨哥拉的古希腊学者，他对数学和天文学以及哲学都有独到的研究。他曾因解释了日食、月食的成因而闻名遐迩，并且认识到月球自身并不会发光。然而，正是因为他的才华给他带来了不幸。在安拉克萨哥拉大约50岁的时候，他对别人说："太阳并不是一尊神，而是一个像希腊那样大的火球。"这句话惹怒了各派宗教势力，他也被以亵渎神灵的罪名给抓进了牢房。

小小的牢房阴暗、潮湿，更看不到外面的花草树木、朝霞暮霭，只能与寂寞、无聊、苦闷相伴。但是每天有那么一段时间，阳光能穿过牢房狭小的方形窗户进入室内，而当阳光从那片窗户中穿过，投射到牢房的空地上时，总能唤起安拉克萨哥拉的无限遐想。有一天，他照常凝视着太阳赐予的方形光亮时，一个奇妙的想法从脑袋中一闪而过：能不能用直尺和圆规作一个正方形，使他的面积与一个已知圆的面积恰好相等呢？

这个想法也成为古希腊三大几何问题之一，几千年来人们不断用尺子和圆规画出圆中那个神奇的方形，化方为圆也从小小的牢房中流传到了今天。

三等分角

在古老的亚历山大城郊有一座圆形的别墅，里面住着一位漂亮的公主。圆形别墅中央有一条小河穿过，公主的居室正好建在圆心处，在别墅的南北围墙处各开了一个门，河上建了一座桥，桥的位置和南北门位置恰好在一条直线上。国王每天赏赐的物品，从北门运进来，先放到南门处的仓库，然后公主再派人从南门取回居室。一天，公主问侍从："从北门到我的卧室，和从北门到桥，哪一段路更远？"侍从之前没有注意过这个问题，于是赶紧去测量，结果这两段路一样远。

过了几年，公主的妹妹小公主长大了，国王决定为她再修建一座新的别墅。小公主说她的别墅要修得与姐姐的别墅一样，有河、有桥、有南北门。国王满口答应下来，新别墅很快就动工了，当把南门修建完成，准备确定桥和北门的位置时，却出现了一个问题：怎样才能使得北门到卧室和北门到桥的距离一样远呢？其实如右图所示只需$\angle\beta=1/3\angle\alpha$就可以解决这个问题。

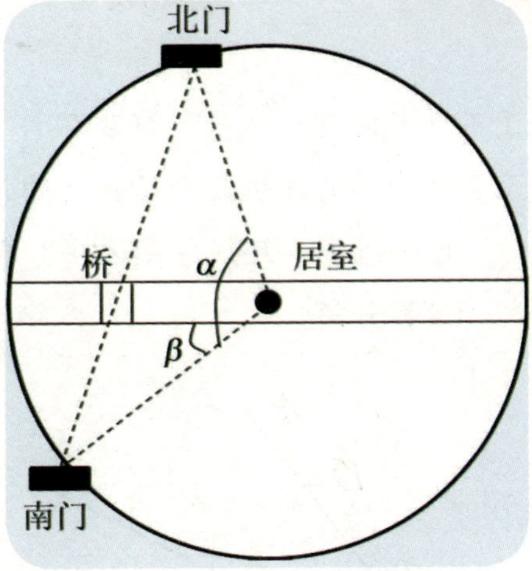

▲圆形别墅示意图

工匠们用尺规作图法来确定桥的位置，可是他们用了很长的时间也没有解决。于是他们去请教数学家阿基米德。阿基米德用在直尺上做标记的方法，成功解决了三等分角的问题，从而确定了北门的位置。正当大家称赞阿基米德了不起时，他却说："这个确定北门位置的方法固然可行，但只是权宜之计，它是有破绽的，因为在尺子上做了标记，这在尺规做图法则中是不被允许的。"

如果采用严格的尺规作图法可以完成三等分角吗？这个问题阿基米德也没有解答出来。三等分角问题也成为古希腊三大几何问题之一流传下来。

拓展链接

经过几千年来无数数学家的努力，对古希腊三大几何问题不懈的研究后，它们都相继被证明是不可能严格由尺规作图的方式完成的。但是为了解决这些问题，数学家们进行了前赴后继的探索，从中得到了不少新的理论成果，发现了许多新的方法。这三个问题对几何学乃至整个数学的发展起到了巨大的推动作用，引领着研究者们不断前进。

你知道多少尺规作图方法？我们一起来学习几种。

二等分角

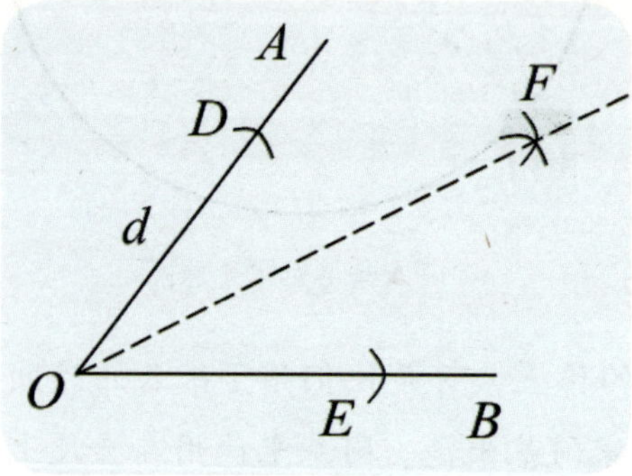

▲二等分角

用尺规作图完成二等分角∠*AOB*。首先，用圆规以任意的长度*d*，以*O*为定点，在*OA*和*OB*上作出交点*D*和*E*；然后分别以*D*和*E*为定点以相同的长度作圆（长度只要保证两个圆有交点就可以），这两个半径相同的圆交于*F*点；最后连接*OF*，这条线就是∠*AOB*的角平分线。

线段中点

用尺规作图找到线段*AB*的中点。首先，将圆规调为固定的长度（保证长度大于*AB*长度的一半即可）；然后分别以*A*和*B*点为圆心作圆，两个圆肯定会在线段*AB*的上下两侧产生两个交点，分别记为*C*和*D*；最后，连接*CD*两点，直线*CD*与*AB*交于*E*点，*E*点即为线段*AB*的中点。

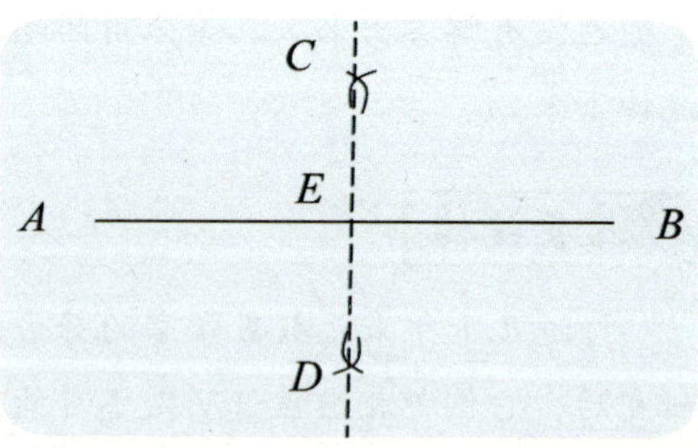

▲找线段中点

26 罗素悖论——数学危机的导火索

引　言

19世纪是一个狂热的世纪，历史的车轮仿佛在这里突然加快了前进的速度，社会、思想、科学、文化等各个方面都在突飞猛进的发展。这也正是数学研究空前兴旺发达的时期，数理逻辑学的诞生完成了逻辑的数学化，康托尔创立的集合论为现代数学奠定了基础，正当人们满怀信心地憧憬着未来时，一场突如其来的危机如海啸般将数学界拖入了历史的低谷。罗素悖论也成为第三次数学危机的导火索。

背后的故事

1872年5月18日，罗素出生于英国蒙茅斯郡特雷莱克一个贵族家庭。很小的时候他的父亲和母亲就相继去世，童年的不幸境遇也造成了他孤僻、高傲和充满怀疑的性格。

▲罗素

1890年10月，罗素考入剑桥大学三一学院。不久，他同学校的著名人物莫尔、麦克塔格特、经济学家凯恩斯等人结识，很快他便成为他们中间最受欢迎的一员，并在第三学年时，以优异成绩通过了学位考试。

虽然如此，罗素性格中对事物充满怀疑、批判的特点似乎始终没有改变。他在研究数理逻辑的过程中，发现一个自相矛盾的问题，由此建立了“悖论”学说，又称“罗素悖论”。正是罗素悖论的出现引起了数学界的巨大震动，撼动了数理逻辑的根基，人们发现这个看似完美的体系却存在着如此大的矛盾，数学研究又该何去何从？就这样第三次数学危机迎面扑来。

到底罗素悖论揭示了怎样一种矛盾，造成这么惊人的“破坏力”呢？就让我们随着小镇中的理发师来探探究竟吧。

在小镇里有一位理发师，为了招揽更多的顾客，他在门口打出这样一则广告，上面写着：“本人的理发技艺十分高超，誉满全镇。我将会为本镇所有不给自己刮脸的人刮脸，但同时我也只给这些人刮脸。我对各位的光临表示热诚欢迎！”广告张贴以后，来找他刮脸的人络绎不绝，自然也都是那些不给自己刮脸的人。可是，有一天，这位理发师从镜子里发现自己的胡子长了，于是本能地抓起了剃刀准备刮胡子，可是这时他犹豫了，他在思考到底能不能给自己刮脸呢？如果他不给自己刮脸，他就属于“不给自己刮脸的人”，因此他就要让理发师（也就是他自己）刮脸，而如果他给自己刮脸呢？他又属于“给自己刮脸的人”，他就不该让理发师来刮脸。这样看来，无论如何他也找不到一个正确的解决办法。

▲理发师悖论

罗素悖论在当时让整个数学大厦都发生了动摇。当时数学家弗雷格刚完成他关于算术基础的两册巨著《算术的基本法则》的最后一册，罗素写信告诉了他这个悖论。弗雷格在其论著的末尾以悲哀的话语写道："一位科学家不会碰到比这更痛苦的事情了，即在工作完成之时，它的基础垮掉了。当本书等待付印的时候，罗素先生的一封信把我置于这种境地。"于是，他终结了自己这超过12年的辛勤劳动。狄德金也把原本打算出版的《连续性及无理数》第3版的稿件抽了回来。而发现拓扑学中"不动点原理"的布劳威也认为自己过去做的工作都是"废话"，并声称要放弃不动点原理。

事实上罗素悖论的"破坏力"还不仅仅局限于数学领域，只要将它的陈述略加修改，即用逻辑的术语来代替集合论中的术语，就可以推广到逻辑领域。这样，罗素悖论不仅触及数学的基础理论本身，它更涉及一向被认为极为严谨的数学和逻辑学两门科学。十九世纪末的数学界也因此变得一片惨淡，人们陷入了深深的恐慌之中。

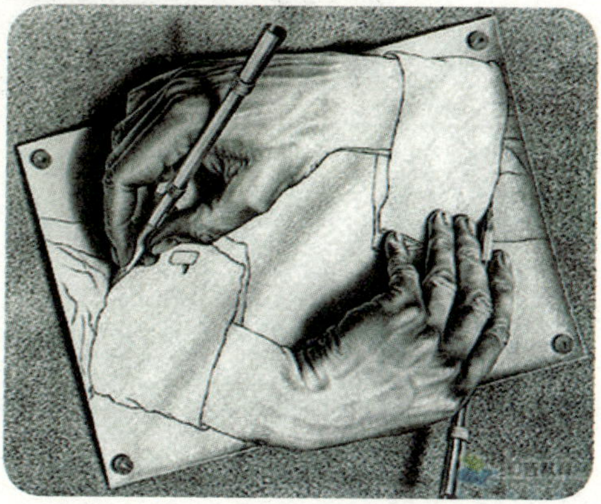

▲悖论

为了走出这个困境，二十世纪初众多数学家们卷入到一场大辩论当中。他们认为这次危机涉及数学的根本，因此必须对数学的哲学基础加以严密的考察。在这场大辩论中，原来不明显的意见分歧扩展成为学派的争论。以罗素为代表的逻辑主义、以布劳威为代表的直觉主义、以希尔伯特为代表的形式主义三大数学哲学学派应运而生，它们各自提出了处理一般集合论中悖论的办法。

▲矛与盾的较量

直到公理化集合系统的建立，才成功排除了集合论中出现的悖论，从而比较圆满地解决了第三次数学危机。但在另一方面，罗素悖论使得数学基础问题第一次以最迫切需要的姿态摆到数学家面前，促进了数学家对数学基础的研究，而它的进一步发展又极其深刻地影响着整个数学。数学的进程也在这矛与盾的较量中不断向前发展。

拓展链接

悖论就是逻辑上可以推导出互相矛盾的结论，但表面上又能自圆其说的命题或理论体系。你知道还有哪些有趣的悖论吗?

真假岛悖论

传说印度洋里有一个美丽的岛国。国王被讨论国事的大臣们所包围，他们争辩着，都说自己讲的是真话，对方讲的是假话，国王为此烦恼不已。于是国王咨询来岛的游客，不料游客们也这样说，而且加入到争辩中来。万般无奈之际，国王只好立下了一条法律：说真话的被杀死，说假话的被绞死。这下岛上的大臣和居民们再也不敢争论，国王也能安享清静。但是这却苦了来岛上的游客，他们一不小心开口，得罪了什么人，往往受到追究，不论判为真话还是判为假话，都难逃一死。有一位智者也被真假岛上美丽的风光和诱人的传言所吸引，前往真假岛游玩。一上岸，就有人向他宣布这条法律，智者思考片刻后说道："我说真话，不会被杀死的。"于是他被认为挑战法律而带到了审判官那里。审判官发现，如果判智者说的是真话，将他杀死，那他说的"不会被杀死"就变成了假话；如果判智者说的是假话，把他绞死，但他说"不会被杀死"却是一句真话。审判官无法判断，只好把智者带到国王那里。国王也同样无法判断真假，最后只好废除了这条法律，并向智者请教治国之术，从此真假岛又恢复了生气。

司机悖论

有这样一位司机，他说："我是一定要开车的，但只给有车的人开车。"某天，司机和秘书送有车的老板回家，然后开车回公司。司机对秘书说："我只给有车的人开车，请你下去。"秘书对此非常生气，对司机说："这车不是你的，你不能开。"司机很犟，于是下车准备走回去。但秘书接着说："不准走，你说过一定要开车的。"这可把司机难住了，他如果开车的话，就违反了当初自己说的"只给有车的人开车"，如果走回去，则违反了"我一定要开车"这句话，到底该怎么做呢？

中国古代名家墨子在《墨经》中说："以言为尽悖，悖，说在其言。"这句话的意思是以为所有的话都是错的，这是错的，因为这本身就是一句话。墨子在两千多年前就已经认识到了这个道理，所有这些把话"说尽"的话都是会产生错误的。

27 四色猜想

引　言

大家一定见过漂亮的世界地图，但是你仔细观察过吗，这看似五颜六色的地图其实只用了四种颜色，而且也只用四种颜色就可以保证每个相邻的国家之间呈现出不同的颜色。这是不是很奇妙，其实很早就有人发现了这个道理，但是当时数学家们想尽办法也没有给出完整的证明，而四色猜想也作为近代三大数学难题之一流传到了今天。

背后的故事

1852 年，毕业于伦敦大学的弗南西斯·格思里来到一家科研单位搞地图着色工作时，虽然长期而重复的工作非常枯燥，但是他却从中发现了一种有趣的现象，在写给弟弟的一封信中他说道：“看来，每幅地图都可以用四种颜色着色，使得有共同边界的国家均被着上不同的颜色。”

这个现象能不能从数学上加以严格证明呢？他与正在大学读书的弟弟格里斯决心试一试，兄弟二人为证明这一问题夜以继日地钻研，使用的稿纸都已经堆了一大叠，可是研究工作始终没有进展。于是，弟弟格里斯就四色猜想问题的证明请教了他的大学老师德·摩尔根（著名数学家）。摩尔根听完问题后也非常感兴趣，可是他就此研究了很久，同样没能找到证明这个问题的途径，只好又写信向自己的好友汉密尔顿爵士（著名数学家）请教。汉密尔顿仔细地阅读了摩尔根的信，并采用当时各种先进的数学理论试图对四色问题进行证明，但遗憾的是直到 1865 年汉密尔顿逝世，四色猜想难题依旧没有得到解决。

到了 1872 年，当时最著名的英国数学家凯利正式向伦敦数学学会提出了这个问题，四色猜想问题也由此变成了世界数学界关注的焦点，许多一流的数学家纷纷加入四色猜想的大会战，一石激起千层浪，数学界顿时变得气氛活跃，各种理论和证明方法层出不穷。

1879 年，肯普首先宣布证明了四色定理。他指出，如果没有一个国家包围其他国家，或没有三个以上的国家相遇于一点，这种地图就称为是“正规的”，否则称为“非正规”地图。一张普通地图往往是由正规地图和非正规地图联系在一起的，但非正规地图所需颜色种数一般不超过正规地图，如果有一张需要五种颜色的地图，如下图所示，那就是指它的正规地图是五色的，要证明四色猜想成立，只要证明不存在一张正规五色地图就足够了。

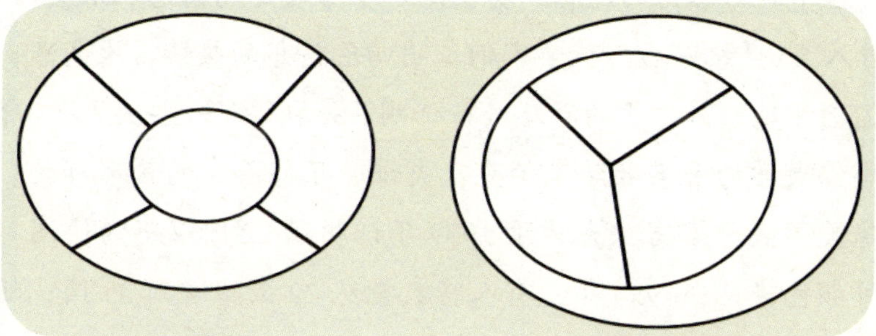

正规地图　　　　非正规地图

肯普是采用归谬法来证明的。假如有一张正规的五色地图，就会存在一张国家数最少的“极小正规五色地图”，而如果极小正规五色地图中有一个国家的邻国数少于六个，就会存在一张国家数较少的正规地图却仍为五色，这样自相矛盾的假设就证明了不会有国家数最少的极小五色地图，也就不存在正规五色地图了。肯普认为这样一来他已经证明了四色猜想难题。

接着在1880年，泰特也宣布自己成功解决了四色猜想的证明问题，从此很少有人过问这个伟大的猜想。幸好还有一个名叫赫伍德的数学家，始终没有放弃对四色猜想的研究，他从意气风发的少年时代直到白发苍苍的耄耋之年，花费了毕生精力致力于四色猜想的证明，终于在1890年，也就是肯普宣布证明四色猜想的11年之后，赫伍德发表文章，指出了肯普证明法中的疏漏之处。不过，赫伍德运用肯普的方法成功证明了与之相似的一个较弱的命题——五色定理，即可以采用五种颜色为一张地图正确染色。不久，泰特的证明也被发现破绽而否定了，至此四色定理又再次成为了未被证明的四色猜想。人们逐渐意识到，这个貌似容易的题目，其实是一个可与费马猜想相媲美的难题。

进入20世纪以后，数学家们证明四色猜想的热情再次高涨，但最初他们仍然延续着肯普的思路进行证明，并取得了一些成果。1913年，美国哈佛大学的著名数学家伯克霍夫证明了某些大的构形可约；之后另一位美国数学家富兰克林于1939年证明了22国以下的地图都可以用四种颜色染色；1950年，有人将数量从22国推进到35国；随后，沿着这个思路，证明又推进到了50国。但是按照这种速度，距离完整解决四色猜想仍然有很长的路要走。

就在这时，一个深远影响着整个数学界的伟大契机到来了。1946年，伴随着人类历史上第一台电子数字计算机“ENIAC”的出现，这个功能强大的电子设备迅速改变了整个社会。从军事科研、学习办公到生活娱乐，电子计算机彻底地征服了世界，同样也征服了数学界。

▲电子数字计算机“ENIAC”

计算机之所以在数学上被广泛应用的一个因素是由数学计算的特有需要和计算机具有的独特优点所决定的，那就是：高速运算。而计算机在数学研究的应用价值主要体现在快速穷举方面。我们知道，当面对一个很大的数据量时，靠人脑计算将变得十分困难，不但进展缓慢，而且计算错误率很大。因为计算机的运算速度可以达到惊人的每秒几千万次，凭借这样的速度，即使算上编程序的时间，也会极大提高解决问题的效率。而且，计算机的准确率相当高，用这样的方法解决问题，自然要比人工优越得多。

1936 年海克在研究四色猜想时，提出了一种新的证明思路，他试图通过寻找可约图形的不可避免组来说明只需四种颜色就可以为地图着色。并且还第一次发明了“放电法”，这对以后关于不可避免组的研究是个关键，也是证明四色定理的中心要素。

1970 年，美国伊利诺伊大学的哈肯沿着这个思路对“放电法”作了改进，后与阿佩尔合作编写了一个精巧的计算机程序。1976 年 6 月，他们在美国伊利诺伊大学两台不同的电子计算机上，耗费 1 200 个小时，进行了 100 亿次判断后，终于成功地完成了四色定理的证明，轰动了全世界。

这同时开启了数学与计数机相结合的新时代，原来许多复杂繁琐的计算借助于计算机而变得简单可行，人类的计算能力也随着计算机性能的提升呈几何级数的增加，数学研究也因此进入了高速通道！

拓展链接

电子计算机的出现以及四色猜想的证明，成为数学研究新思维的起点，人们不再依靠简单的手工计算完成复杂的证明和推导，而是让计算机用人类不可能达到的速度来帮助解决问题，穷举法、归谬法等许多新的计算方法得到了大范围的应用。

曾经的世界三大数学难题如今已不再是那么遥不可及。困扰数学家们 100 多年的四色猜想难题最终圆满地画上了句号。1983 年计算机专家斯洛文斯基借助计算机的帮助，仅仅运行了 5 782 秒便证明 n 等于 286 243 时费马定理仍然正确（注 n 等于 286 243 时，大约为 25 960 位数）。被称为“数学皇冠上的宝石”的哥德巴赫猜想同样也在计算机的帮助下，被证明当达到天文数字时，这个猜想依然成立。

28 永远逃不出的数学黑洞

引　言

浩瀚无边的宇宙中总是隐藏着无数的秘密，在它们之中有一种天体显得尤为“耀眼”，不是因为它太亮，而是它实在太暗，暗得我们什么也看不见，它就是神秘的黑洞。黑洞的密度大得惊人，因此产生了难以想象的巨大引力，任何物质只要靠近这个巨大的天体，便被永远地吞噬下去，就连光线也无法逃出它的范围。不过你知道吗，在浩瀚的数学世界中同样存在着这么一种黑洞，它拥有神秘的力量，让任何进入它的数字都被牢牢吸引住，再也无法从中逃脱出来，下面我们就一同来探究奇妙的数学黑洞吧。

▲宇宙中的黑洞

背后的故事

数学世界中存在这么一些神奇定则，它如黑洞一般强大，任何数字只要按照这个定则进行处理，总会被吸引其中无法逃脱，最终得到一个固定的值或者循环，而这些定则就叫做数学黑洞。

123 黑洞

又名西西弗斯串，西西弗斯是古希腊神话中的人物，他是科林斯

▲推石头的西西弗斯

的建立者和国王。由于他一度绑架了死神，让世间没有了死亡，因而触犯了众神，诸神为了惩罚西西弗斯，便要求他把一块巨石推上山顶，由于巨石太重，每每未上山顶就又滚下山去，前功尽弃，于是他不断重复、永无止境地做着这件事，最后西西弗斯的生命就在这样一件循环却只有失败的劳作中慢慢消耗殆尽。

正如西西弗斯的生命一般，任何进入 123 黑洞的数字，最终也无法逃出 123 这个结果，因而人们将这个定则也形象地称为西西弗斯串。

123 黑洞是这样定义的：设定一个任意数字串，数出这个数中的偶数个数、奇数个数及包含的所有位数的总数，然后按着“偶－奇－总”的位序，排出得到一个新数，将这个新数沿着上述规则重复进行，不断循环下去，在经过有限次数后一定会得到 123 这个结果，并且无法再逃脱出去。

让我们用 1234567890 作为例子：

首先，计算它的偶数个数，为 2、4、6、8、0，共 5 个；奇数个数，为 1、3、5、7、9，共 5 个；数字总个数，共 10 个。

然后，产生新数，按“偶－奇－总”的位序，排出得到 5 510。

将新数 5 510 按以上算法重复运算，又得到新数 134。

再次将新数 134 按以上算法重复运算，便可以得到 123。

无论你用什么数，只要照着这个定则进行，总会掉入 123 黑洞，不信你也可以试试。

6174 黑洞

比 123 黑洞更为引人关注的就是这个 6174 黑洞，它又被称为卡普雷卡尔常数。6174 黑洞是这样定义的：取任何一个 4 位数（4 个数字均为同一个数字的例外），将组成该数的 4 个数字重新组合成可能的最大数和可能的最小数，并对最大最小值做差，新数就是这个差值。然后新数同样按照上述规则进行，在最多不超过 7 次循环之后，我们就会得到 6 174 这个数。

例如取 3 214 开始：

第一步，求出这 4 个数字能构成的最大数，为 4 321；它们能构成的最小数，为 1 234。

第二步，求出最大数与最小数之差，即新数为 4 321−1 234=3 087。

对新数 3087 按以上算法循环，得到 8 730−0 378=8 352。

再次重复对新数 8 352 进行运算，最终得到神奇的 8 532−2 358=6 174。

虽然 6174 黑洞比 123 黑洞增加了一些对选定数字的限制条件，但是它具有最大循环次数限制（7 次），因而从实战的角度考虑，6174 黑洞在信息战中的运用更具应用意义。

水仙花数

大家一定见过美丽的水仙花，但你可曾想过在数学黑洞中也有这样一朵美丽的水仙花。其实水仙花数本身就是一个数学黑洞，它指的

是一些 n 位数（$n \geqslant 3$），它们的每个位上数字的 n 次幂之和等于它本身，这样的数字按照定则永远也无法逃出它自己。因为它们取的都是每个数的 3 次幂，正如水仙花的每个枝条上会开出 3 朵花一样，所以这些数字有了这么美丽的名字叫水仙花数。

▲水仙花

从古至今人类都试图发现更多的美，所以也一直不断寻找着更多的水仙花数，但是茫茫无际的数字海洋让人们的努力显得如此的渺小。直到最近几十年，计算机的发明大大加快了我们的步伐，科学家借助它的帮助找到了更多的水仙花数。

3 位的水仙花数共有 4 个：153，370，371，407。

4 位的水仙花数共有 3 个：1 634，8 208，9 474。

5 位的水仙花数共有 3 个：54 748，92 727，93 084。

6 位的水仙花数只有 1 个：548 834。

7 位的水仙花数共有 4 个：1 741 725，4 210 818，9 800 817，9 926 315。

8 位的水仙花数共有 3 个：24 678 050，24 678 051，88 593 477。

……

你能找到更多的水仙花数吗？你也可以验证一下上面的数字，看看它们到底是不是这样神奇。

拓展链接

了解了这么多神奇的数学黑洞，你想知道它们是怎么证明的吗？接下来，我们一起来证明 123 黑洞最简单的数字串总数为 3 的情况。

假定我们的数字为 abc（a、b、c 分别为 1 位自然数），我们可以很直观地发现它的数字总个数为 3，偶数个数和奇数个数的排列组合可以为（0,3）、（1,2）、（2,1）、（3,0），并且它们的搭配都是一个偶数一个奇数。由此分析我们新得到的数 def 中 f 一定等于 3，d 和 e 中一个为偶数一个为奇数，这样在 def 中就一共有 3 个数，包含 2 个奇数 1 个偶数。按照“偶 – 奇 – 总”的位序获得一个新数，它一定是 123。

至此我们成功地证明了一个数学黑洞，你找到其中的奥秘了吗？

29 几何之父——欧几里得

他是谁

欧几里得是古希腊著名的数学家，他是几何学的奠基人，被尊称为“几何之父”。他第一次使数学理论系统化，从而使几何学逐渐成为一门独立发展的正式学科体系。他在公元前300年编写的《几何原本》，提出五大公设和发展欧几里得几何，2000多年来都被世界看作是学习几何的标准课本，被奉为“圣经”。他是人类科学思想史上的一盏指路明灯，没有能谁像他一样，声誉经久不衰。

走近大师

▲欧几里得

欧几里得（约公元前330—前275年）出生于人类文明发源地之一的希腊雅典城。他生活的年代，是根据下列的记载来确定的。普罗克洛斯是雅典柏拉图学园晚期的导师，公元450年左右，他给《几何原本》作注，写了一个简明的《几何学发展概要》，字数虽不多，但已包括从泰勒斯到欧几里得数百年间主要数学家的事迹，这是几何学史的重要资料。这本《几何学发展概要》中指出，欧几里得是托勒密一世时代的人，早年学于雅典，深知柏拉图的学说。又说阿基米德的书引用过《几何原本》的命题，可见他早于阿基米德。另一位学者帕波斯在《数学汇编》中提到阿波罗尼奥斯长期住在亚历山大，和欧几里得的学生在一起，这说明欧几里得曾在亚历山大教过学。

古希腊是世界四大文明古国之一，古希腊文化是西方文明的摇篮，希腊首都雅典则是古希腊文化摇篮的中心，是一座充满着浓郁文化氛围之城。正是这种文化的熏陶，让小时候的欧几里得对数学产生了浓厚的兴趣。在这座文明之城的郊外坐落着一所幽静的学园，在美丽的克菲索河边，两岸林木茂密，婀娜多姿，学校的建筑和雕塑就掩映在一丛丛绿色林荫深处，这正是大名鼎鼎的柏拉图创办的对数学尤其重视的"柏拉图学园"。

公元前399年，苏格拉底受审并被判死刑，柏拉图逃往梅加腊避难。后来他到各地游历，包括西西里岛、南意大利、埃及等地。公元前387年，柏拉图回到雅典。在朋友的帮助下，柏拉图在雅典西北郊外约两公里的地方购置了一片土地，办起了这所学校。柏拉图学园在欧洲文化史上有着特别的地位，它是欧洲第一所综合性学校，教授哲学和自然科学，对数学尤为重视，众多的有志青年都渴望来这里深造。同时，它也是一所研究机构，许多学者慕名来到这里，更多的学生学成之后再也没有离开这里，学园渐渐变成了一座颇具盛名的研究院。此外，它还有一点最特别的功能——提供政治咨询，许多周边的城邦在建国、立法、组建政府时遇到麻烦，都会来这里求助，这一点又像今天的政策研究室和策略研究公司。

小欧几里得对这里充满了向往，立志有一天也能进入学园学习，在别的孩子还在嬉戏玩耍的时候，他却埋头看着枯燥的数学书，一遍又一遍地演算数学题。时间过得很快，青年的欧几里得实现了儿时的梦想，他踌躇满志地踏入了“柏拉图学园”。

▲柏拉图学园

据说，当年一群年轻人来到雅典郊外林荫中的“柏拉图学园”时，只见学园的大门紧闭着，门口挂着一块木牌，上面写着：“不懂数学者，不得入内！”这是当年柏拉图亲自立下的规矩，为的是让学生们知道他对数学的重视，然而却把前来求教的这群年轻人给闹糊涂了。有人在想，正是因为我不懂数学，才要来这儿求教的呀，如果懂了，还来这儿做什么呢？正在年轻人面面相觑，不知是进是退的时候，一个其貌不扬的青年从人群中走了出来，只见他整了整衣冠，看了看那块牌子，然后果断地推开学园大门，头也没回地走了进去。他最终成为现代数学奠定不朽功勋的几何之父，被永远载入史册。他就是欧几里得。

柏拉图认为，数学是锻炼思维的最佳途径，其严密的逻辑推理要求人们极度专注、机敏和谨慎，甚至声称：“上帝就是几何学家。”这一观点不仅成为学园的主导思想，而且也被越来越多的希腊民众接受，欧几里得对数学的热爱也越来越深厚。他以继承柏拉图的学术为奋斗目标，全身心沉浸在数学的王国里，夜以继日地翻阅和研究柏拉图的著作和手稿。他除了所钟爱的数学，哪儿也不去，什么也不干。通过对柏拉图思想的深入研究，欧几里得得出：图形是神绘制的，所有一切现象的逻辑规律都体现在图形之中。因此，对于智慧训练，就应该从以图形为主要研究对象的几何学开始。欧几里得在这里领悟到了柏拉图思想的要旨，并开始沿着柏拉图当年走过的道路，把几何学的研究作为自己的主要任务。

几何学最早兴起于公元前 7 世纪的古埃及，后传到古希腊的都城雅典，又借助于毕达哥拉斯学派系统奠基。在此之前，人们已经积累了许多几何学的知识，然而这些知识存在一个很大的不足，就是缺乏系统性，大多只是只言片断和零碎的理论。随着社会经济的繁荣和发展，特别是农、林、畜牧业的发展，土地开发和利用的增多，把这些几何学知识加以条理化和系统化，成为一整套可以自圆其说、前后贯通的知识体系已经刻不容缓，成为科学进步的大势所趋。欧几里得通过早期对柏拉图数学思想，尤其是几何学理论系统周详的研究，已敏锐地察觉到几何学理论的发展趋势，他下定决心，要在有生之年完成集几何学理论之大成的工作。

为了完成这一伟大的事业，欧几里得不辞辛劳，长途跋涉，从爱琴海畔的雅典古城，来到了尼罗河边的埃及新埠——亚历山大城，为的就是在这座文化蕴藏丰富的异域之城实现自己的理想。在此后的无数个日日夜夜里，他一边收集以往的数学专著和手稿，向学者请教，一边开始著书立说，阐明自己对几何学的理解，哪怕是尚且肤浅的理解。经过欧几里得忘我的工作和钻研，终于在公元前300年开启了数学世界一个新的时代，完成了几经易稿而最终定形的《几何原本》一书。这是一部传世之作，几何学正是有了它，第一次实现了系统化、条理化，数学也正是因为它，完成了一次更加完美的蜕变。

《几何原本》是一部集前人思想和欧几里得个人创造于一体的不朽之作。全书共分13卷，包含了5条公理、5条公设、23个定义和467个命题。在每一卷内容当中，他都采用了与前人完全不同的叙述方式，即先提出公理、公设和定义，然后再由简到繁地证明它们，这使得全书的论述更加紧凑和明快。而在整部书的内容安排上，也同样贯彻了他的这种独具匠心的思想。《几何原本》先后论述了直边形、圆、比例论、相似形、数、立体几何以及穷竭法等内容。其中有关穷竭法的讨论，成为近代微积分思想的最早来源。仅仅从这些卷的内容安排上，我们就不难发现，这部书基本囊括了几何学从公元前7世纪的古埃及，一直到公元前4世纪，前后400多年的数学发展历史。这其中，颇有代表性的便是在第一卷到第四卷中，欧几里得对直边形和圆的论述。正是在这几卷中，他总结和发挥了前人的思维成果，巧妙地论证了毕达哥拉斯定理（也称为“勾股定理”）。

▲几何原本

后来的人们一个世纪又一个世纪

地研究、分析和编辑此书，直至现代。据说在西方文明的全部书籍中，只有《圣经》才能够与欧几里得的《几何原本》媲美。他创造了一个数学宝库，它是如此的成功，如此的受人尊崇，以至于所有前人的类似著作都相形见绌。欧几里得的著作很快就成为一种标准。如此一来，如果一个数学家说到 1.47，就只能意为《几何原本》第一篇第 47 命题，而无需解释所说的是《几何原本》，犹如人们一提到“I《列王记》7：23”，就知道说的是《圣经》里的内容一样。

▲圣经

这种比较是非常恰当的，因为没有一本书能像欧几里得的大作那样被人看作“数学的圣经”。几百年来，《几何原本》已出版了 2 000 多个版本，这个数字足以使今天数学教科书的编写者羡慕不已。众所周知，即使在当时，《几何原本》也获得了巨大的成功。罗马帝国崩溃后，阿拉伯学者将《几何原本》带到了巴格达。文艺复兴时期，《几何原本》再度出现于欧洲，其影响十分深远。16 世纪的意大利著名学者及 100 年后年轻的剑桥大学学生艾萨克·牛顿都曾拜读过这部巨著。

拓展链接

数学在欧几里得的推动下，逐渐成为人们生活中一个时髦的话题。当时统治埃及的托勒密国王为了赶时髦，也想学一点几何学。他自命“天赋圣明”，认为对于天下无论什么事情，他都能一看就懂，一学就会。可当他翻阅了 13 卷《几何原本》之后，便皱起眉头来。他转念一想，又自作聪明地认为，这类“繁琐说教”乃是专为凡夫俗子而设的，像他这般富有的天子，肯定另有一条捷径。于是他问欧几里得："学习几何学除了看《几何原本》之外，有没有其他的捷径？"欧几里得严肃地说道："陛下，很抱歉。学习数学和学习一切科学一样，是没有什么捷径可走的。学习数学，人人都得独立思考，就像种庄稼一样，不耕耘是不会有收获的。在这一方面，国王和普通老百姓是一样的。"从此之后，"几何无王者之道"就成为学习数学的箴言而流传至今。

▲求知无坦途——欧几里得

30 数学之神——阿基米德

他是谁

阿基米德是古希腊伟大的数学家、物理学家和哲学家，他曾发出过"给我一个支点和一根足够长的杠杆，我就可以撬动地球"的壮语，被尊称为"力学之父"。他和牛顿、高斯一起被列为有史以来三位贡献最大的数学家。

走近大师

阿基米德（公元前 287—前 212 年）诞生于西西里岛的叙拉古。

▲阿基米德

他出身于贵族，与叙拉古的赫农王有亲戚关系，家庭十分富有。阿基米德的父亲是天文学家兼数学家，学识渊博，为人谦逊。他十一岁时，借助与王室的关系，被送到古希腊文化中心亚历山大里亚城去学习。

亚历山大位于尼罗河口，是当时文化贸易的中心之一。这里有雄伟的博物馆、图书馆，而且人才荟萃，被世人誉为“智慧之都”。阿基米德在这里学习和生活了许多年，曾跟很多学者密切交往。他在学习期间对数学、力学和天文学有浓厚的兴趣。在他学习天文学时，发明了用水力推动的星球仪，并用它模拟太阳、行星和月亮的运行及表演日食和月食现象。为解决用尼罗河水灌溉土地的难题，它发明了圆筒状的螺旋扬水器，后人称它为“阿基米德螺旋”。

▲阿基米德螺旋

公元前240年，阿基米德回到叙古拉，当了赫农王的顾问，帮助国王解决生产实践、军事技术和日常生活中的各种科学技术问题。

叙拉古的亥厄洛王叫金匠造了一顶纯金的皇冠，因怀疑里面掺有银子，便请阿基米德鉴定一下。当他进入浴盆洗澡时，水漫溢到盆外，于是悟得不同质料的物体，虽然重量相同，但因体积不同，排去的水也必不相等。根据这一道理，就可以判断皇冠是否掺假。阿基米德高兴得跳起来，赤身奔回家中，口中大呼：“尤

▲阿基米德发现浮力

里卡！尤里卡！”（希腊语，意思是“我找到了”）他将这一流体静力学的基本原理，即物体在液体中减轻的重量，等于排去液体的重量，总结在他的名著《论浮体》中，后来以“阿基米德原理”著称于世。

阿基米德不仅是个理论家，也是个实践家。他热衷于将科学发现（原理）应用于技术发明、实践（工程），从而把科学原理和技术工程两者结合起来。公元前1500年左右，在埃及就有人用杠杆抬起重物，但是并不知道它的科学原理，因此无法扩大推广、使用到其他工程施工中去。阿基米德潜心研究了这个现象并发现了杠杆原理。当时叙拉古国为埃及王制造了一条大船，体积庞大，重量特别沉，但只因不能启动下水，故长久搁浅在海岸。阿基米德为此设计了一套复杂的杠杆滑轮系统，安装在船上，将绳索的一端交到赫农王手上。赫农王拉动绳索，奇迹出现了！大船缓缓地挪动起来，最终下到海里。在国王万分钦佩之余，阿基米德微笑着说：“给我一个支点和一根足够长的杠杆，我就能撬动地球。”

▲杠杆原理

对于阿基米德来说，机械和物理的研究发明还只是次要的，他比较有兴趣而且投注更多时间的是纯理论上的研究，尤其是在数学方面。在数学方面，他利用“逼近法”算出球面积、球体积、抛物线、椭圆面积，后世的数学家依据这样的“逼近法”加以发展成近代的微积分。他更研究出螺旋形曲线的性质，现今的“阿基米德螺线”曲线，就是为纪念他而命名的。另外他在《恒河沙数》一书中，创造了一套记大数的方法，简化了记数的方式。阿基米德确定了抛物线弓形、螺线、圆形的面积以及椭球体、抛物面体等各种复杂几何体的表面积和体积的计算方法。在推演这些公式的过程中，他创立了“穷竭法”，即我们今天所说的逐步近似求极限的方法，因而被公认为微积分计算的鼻祖。他用圆内接多边形与外切多边形边数增多、面积逐渐接近的方法，比较精确地求出了圆周率。面对古希腊繁冗的数字表示方式，阿基米德还首创了记大数的方法，突破了当时用希腊字母计数不能超过一万的局限，并用它解决了许多数学难题。

阿基米德无可争议地成为古代希腊文明所产生的最伟大的数学家和科学家，他在诸多科学领域所作出的突出贡献，使他赢得了同时代人的高度尊敬。阿基米德与雅典时期的科学家有着明显的不同，就是他既重视科学的严密性、准确性，要求对每一个问题都进行精确的、合乎逻辑的证明，又非常重视科学知识的实际应用。他非常重视试验，亲自动手制作各种仪器和机械。他一生设计、制造了许多机构和机器，除杠杆系统外，值得一提的还有举重滑轮、灌地机、扬水机以及军事上用的抛石机等。被称作“阿基米德螺旋”的扬水机至今仍在埃及等地使用。历史上有的数学家勇于开辟新的园地，而缺乏缜密的推理；有的数学家偏重于逻辑证明，而对新领域的开拓却徘徊不前。阿基米德则兼有二者之长，他常常通过实践直观地洞察到事物的本质，然后运用逻辑方法使经验上升为理论（如浮力问题），再用理论去指导实际工作（如发明机械）。这在当时，绝无仅有。

阿基米德晚年，罗马军队入侵叙拉古国，阿基米德指导同胞们制造了很多攻防武器。侵略军首领马塞勒塞率众攻城时，被阿基米德设计的“投石机”击退；他制造的铁爪式起重机，将敌军船舰提起并倒转……

罗马士兵在频频打击中已经心惊胆战，一见到有绳索或木头从城里扔出，他们就惊呼“阿基米德来了”，随之抱头鼠窜。罗马侵略军被阻在城外 3 年之久。最终在公元前 212 年，罗马侵略军趁叙拉古城防务稍有松懈，大举进攻闯入城市。这时，75 岁的阿基米德正在家里潜心研究深奥的数学问题，在沙盘上画了一个“单位圆”。残暴的罗马士兵闯入，践踏了他画的圆形，阿基米德悲愤地叫喊：“不要动我的圆！”无知的罗马士兵举短剑一挥，璀璨的科学巨星就此陨落。此后，“不要动我的圆！”成了各时代各地科学家们、工程师们维护自己从事科学技术创造发明权利的一句口头禅。

▲不要动我的圆！

阿基米德的遗体葬在西西里岛，墓碑上刻着一个圆柱内切球的图形，以纪念他在几何学上的卓越贡献。

拓展链接

任何一张开列有史以来三个最伟大的数学家的名单之中，必定会包括阿基米德，而另外两位通常是牛顿和高斯。不过以他们的宏伟业绩和所处的时代背景来比较，或拿他们影响当代和后世的深邃久远来比较，还应首推阿基米德。

——贝尔在《数学人物》上的评论

31 天才数学家——欧拉

他是谁

欧拉是历史上最多产的数学家，人们可以在几乎所有数学分支中见到他的名字。他为数学献出了双目，生命的最后17年已经完全失明。他被誉为“数学家的英雄”。

走近大师

欧拉（1707—1783年）出生在瑞士的巴塞尔城，清澈的莱茵河从巴塞尔城旁边流过，仿佛一条丝带把这个城市打扮得妩媚而动人。后来，欧拉随父母迁到了雷欣村，欧拉的父亲在村里担任加尔文教的牧师，他本身也曾是数学高材生，对数学也十分在行，可是他自己不想从事数学工作，也希望自己的儿子以后能像自己一样，在乡村教堂里担任牧师。于是小欧拉接受了极为严格的宗教教育，但是偶尔父亲也

▲欧拉

会指导一点数学。妙趣横生的数学完全迷住了小欧拉，不满10岁的他就开始自学《代数学》。这本书连他的几位老师都没读过，可小欧拉却读得津津有味，遇到不懂的地方，就用笔做个记号，事后再向别人请教。

中学毕业后，年仅13岁的欧拉考入了巴塞尔大学，遵从父亲的旨意学习神学和希伯来语。但是他十分清楚自己内心真正喜欢什么，他将课余的时间全部投入到对数学的研究之中。

约翰·伯努利是当时驰名欧洲的大数学家，他在巴塞尔大学任教，每逢他的课，教室总是济济一堂，座无虚席。欧拉也去听，但是他只

▲巴塞尔大学

有13岁，比大家都矮一个头，大家都只把他当成小弟弟，没人把他放在眼里。可是有一次，约翰在讲课的时候提到了一个数学家们还没有解决的大难题，可是下课之后，小欧拉竟然交给他一份答案，虽然并不完全正确，但是其中的构思使约翰意识到小欧拉的数学天赋。于是决定每周给欧拉单独授课一次，在约翰的指导下，欧拉的数学突飞猛进，欧拉也和约翰的儿子丹尼尔·伯努利成了好朋友，经常共同商讨数学问题，后来丹尼尔也成为了大名鼎鼎的数学家。

▲丹尼尔·伯努利

直到1724年，17岁的欧拉获得硕士学位才得以快活起来，因为在那以前他的父亲一直坚持要他放弃数学而把全部时间花到神学上。只是当这位做父亲的听到伯努利父子说他的儿子注定将成为大数学家而不是雷欣的牧师之后，才终于让了步。

欧拉19岁的时候做了第一项独立的工作。据说，这第一项工作成就显露出他后来许多工作的特长和弱点。1727年，巴黎科学院提出船舶立桅问题悬赏征答。巴黎奖金是一项崇高的荣誉，对于数学家来说，能赢得一次这样的荣誉就足慰平生了。欧拉决定利用这次机会来检验自己的能力，结果是欧拉的论文只是获得了很高的评价，并没有赢得这笔奖金，不过他后来以赢得12次奖金补偿了这次失落。

1725年丹尼尔赴俄国，并向沙皇喀德林一世推荐了欧拉，于是，在1727年5月17日欧拉来到了彼得堡。1733年，年仅26岁的欧拉

▲彼得堡科学院

担任了彼得堡科学院数学教授。想到自己将在俄国长期居住，欧拉决定结婚，妻子是画家格黛尔的千金，温柔贤淑，家庭生活美满幸福。后来，俄国的政治环境越来越恶化，欧拉想像丹尼尔一样回到瑞士去工作，可是孩子一个接一个出世，欧拉夫妇先后生育了 13 个孩子，堪与他在学术上的多产相媲美，最终打破了他回国工作的幻想。

欧拉是在任何时候、任何条件下都能不受外界干扰而专心研究的数学家。曾经有人这样描述：和煦的阳光透过明亮的玻璃窗，照进四壁放满书籍的书房。一个头发略成斑白的老人俯身在靠窗的书桌上奋笔疾书。他左手抱着一个两岁的幼儿坐在他膝上。桌子对面的小伊琳娜在给玩具娃娃穿衣服。孩子们的拍手声和欢笑声从过道传来——阿尔伯特正领着弟弟妹妹们拉着布狗熊在地上打滚，小狗查利高兴地摇着尾巴在人群中蹿来蹿去。这是 1947 年 4 月的一天，欧拉正在写他著名的论文《无穷小分析引论》。

1735 年，欧拉解决了一个天文学的难题（计算彗星轨道），这个问题经几个著名数学家几个月的努力才得到解决，而欧拉却用自己发明的方法，三天便完成了。可是连续的劳累使他大病一场，过度的工作使他得了眼病，并且不幸右眼失明了，这时他才 28 岁。然而疾病没有吓倒他，他更加勤奋地工作，写出了几百篇论文，大量出色的研究成果，使他在欧洲科学界享有很高的声望。1741年欧拉应普鲁士彼德烈大帝的邀请，到柏林担任科学院物理数学

▲彗星轨道

所所长，直到1766年，后来在沙皇喀德林二世的诚恳敦聘下重回彼得堡，不料没有多久，左眼视力严重衰退，但是他并没有让自己屈服于寂静和黑暗，很快便着手补救无法恢复的视力。在最后一点光感消失之前，他就使自己习惯了用粉笔在大石板上写公式，然后他的孩子们特别是阿尔伯特当抄写员，他再口授公式的解释。他的数学新作不仅没有减少，反而增多了。欧拉完全失明以后，仍然以惊人的毅力与黑暗搏斗，凭着记忆和心算进行研究，直到逝世，竟达17年之久。

这位双目失明的老人凭着超乎寻常的意志和毅力，再一次创造出了令人瞠目结舌的奇迹。除了厚厚的3卷《积分学原理》以及《船舶制造和结构全论》等重要著作外，他还利用每天近800页的速度发表了近400篇具有独创性的研究论文。当我们捧着他的光辉论著，看着他的精巧计算和深刻分析时，谁会想到，这是出自一个双目失明的老人！

欧拉充沛的精力保持到最后一刻，1783年9月18日下午，欧拉为了庆祝他计算气球上升定律的成功，请朋友们吃饭，那时天王星刚发现不久，欧拉写出了计算天王星轨道的要领，还和他的孙子逗笑，喝完茶后，突然疾病发作，烟斗从手中落下，嘴里喃喃地说："我死了。"

欧拉终于“停止了生命和计算”。

多产的法国数学家柯西的全集有26卷，德国数学家高斯的全集有12卷，而失明17年的欧拉一生创作的论文高达886篇，全集有74卷之多。

欧拉的一生，是为数学发展而奋斗的一生，他那杰出的智慧、顽强的毅力、孜孜不倦的奋斗精神和高尚的科学道德，永远是值得我们学习的！

▲2007年，欧拉诞辰300周年之际，瑞士邮政局特为他发行的纪念邮票

拓展链接

大数学家欧拉也很重视数学的普及教育，他经常亲自到中学区讲授数学知识，为学生编写数学课本。尤其感人的是，1770年，年迈的欧拉双目都已失明了，仍然念念不忘给学生编写《关于代数学的全面指南》。这本著作出版后，很快就被译成多种外国文字流传开来，直到20世纪，有些学校仍然用它做基本教材。为了搞好数学普及教育，欧拉潜心研究了许多初等数学问题，还编了不少有趣的数学题。比如，这道“农妇卖鸡蛋的问题”：

说有两位农妇挎着篮子去集市上卖鸡蛋，她们一共带了100只鸡蛋，一个带的多，另一个带的少，却卖了同样多的钱。第一个农妇对第二个农妇说：“如果我有你那么多的鸡蛋，我就能卖15个克罗索(一种德国古货币的名称)。”第二个农妇回答说：“如果我只有你那么多的鸡蛋，我就仅能卖6又2/3个克罗索。”试问两个农妇各带了多少只鸡蛋？

同学们，你们能解出这道题么？动手试一试吧！

32 科学巨人——牛顿

他是谁

牛顿是一位震古烁今的科学巨人，他建立了经典物理体系，用它解释了日月星辰到海洋潮汐各种各样的自然现象，他有着从古至今最重要的数学创造——微积分。他是英国国会议员，皇家学会连任24年的终身会长，还曾任英国铸币厂厂长。安妮女王亲临剑桥，封他为爵士。他辞世后，举行了隆重的国葬，长眠于威斯敏斯特教堂的名人墓地。

走近大师

牛顿（1642—1727年）出生在英国林肯郡沃尔斯索普村。他是个早产儿，出生时十分脆弱和瘦小，体重还不到1 500克，几乎可以放进一个大杯子里。在他出生之后的最初几个月里，医生不得不在他的脖子上装了一个支架来保护他，没有人以为他能活下来。

▲牛顿

牛顿出生前3个月父亲便去世了。在他2岁时，母亲改嫁。从此

▲童年时的牛顿

牛顿便由外祖母抚养。11岁时，母亲的后夫去世，牛顿才回到了母亲身边。大约从5岁开始，牛顿被送到公立学校读书，12岁时进入中学。牛顿自小瘦弱，孤僻而倔强。

牛顿并没有像高斯等著名的数学家那样，从小便显露出引人注目的科学天才，他资质平常，很长一段时间成绩都十分平庸，甚至因为成绩欠佳而受过老师的批评。

牛顿平常喜欢看一些介绍各种简单机械模型制作方法的读物，并从中受到启发，自己动手制作了一些奇奇怪怪的小玩意，如木钟、折叠式提灯等。药剂师的房子附近正建造风车，小牛顿把风车的机械原理摸透后，自己也制造了一架小风车。不过，推动他的风车转动的，不是风，而是动物。他将老鼠绑在一架有轮子的踏车上，然后在轮子的前面放上一粒玉米，刚好那地方是老鼠可望不可及的位置。老鼠想吃玉米，就不停地跑动，于是轮子就不停地转动。他还制造了一个小水钟。每天早晨，小水珠会自动滴水到他

▲牛顿的风车

的脸上，催他起床。后来他又用墙砖刻了个大日晷，是一个精度很高的计时器，在日照良好时精确可用，人们称它为“牛顿钟”，后来被英国皇家学会收藏。

人们的夸奖，使他对制作的兴趣越来越高。有一次学校举行表演，牛顿带了一个设计精巧、做工也很考究的水车到学校展示，随着风车的转动，水车就把水哗哗地往上抽，引得围观的人阵阵喝彩。但这时有个男生挑衅似地问牛顿：“你知道它的原理么？”这下把牛顿问住了，他满脸通红，自己从来都只是埋头制作，对其中的道理真没细想过。他开始向书本知识进攻，去钻研各种原理，他的学习成绩也有了飞跃性的进步。

后来迫于生活，母亲让牛顿停学在家务农，分担家庭负担。但牛顿一有机会便埋首书卷，以至经常忘了干活。有一回牛顿赶着马去送麦子，回来的时候碰到了山坡，便牵着马边走边学习起来，等他回过神来的时候，马不见了，他四处寻找，后来推开家门一看，马正在津津有味地吃着草料，原来不知道什么时候，马脱缰后就自己跑回来了。有一天，母亲叫他去放羊，他躲在灌木丛中看书，而他的羊却早已不知去向。舅舅看到牛顿实在好学，就向姐姐说情，让牛顿继续学习，于是牛顿又重新回到了学校，如饥似渴地汲取着书本上的营养。

▲剑桥大学

1661年5月，牛顿以“减费生”的身份考进英国剑桥大学三一学院。穷学生牛顿上大学时的年龄比一般学生大四五岁，人们把他称为

“晚熟的人”。在这里，牛顿开始接触到大量自然科学著作，经常参加学院举办的各类讲座，包括地理、物理、天文和数学。牛顿的第一任教授伊萨克·巴罗是个博学多才的学者。这位学者独具慧眼，看出了牛顿具有深邃的观察力、敏锐的理解力。于是将自己的数学知识，包括计算曲线图形面积的方法，全部传授给牛顿，并把牛顿引向了近代自然科学的研究领域。

▲牛顿做光学实验

1664年，牛顿获得学士学位，1665年毕业于剑桥大学，并留校作研究工作。在此期间，牛顿开始把注意力放在数学上。他学习了欧几里得的《几何原本》、笛卡尔的《几何学》、沃利斯的《无穷算术》、巴罗的《数学讲义》及韦达等许多数学家的著作。1666年6月由于凶猛的鼠疫横行，剑桥大学被迫停课。牛顿回到了家乡，住了将近两年，家乡安静的环境使他的思想展翅飞翔，以整个宇宙作为其藩篱。这短暂的时光成为牛顿科学生涯中的黄金岁月。牛顿从此以后更加集中精力从事科学创造，并开始关心哲学问题。微积分、万有引力、光学分析的思想都是在这时孕育成形的，最终成为他的三大成就。其间，他研究数学和物理问题，并且将万有引力理论的基本原理系统化。1666年，他做了第一个光学实验，用三棱镜分析日光，发现日光是由不同颜色的光构成的，从而奠定了光谱分析学的基础。

1667年，牛顿回到剑桥，有2年的工夫主要从事光学研究。1669年，巴罗把自己卢卡斯讲座的席位让给了牛顿，于是牛顿开始了他长达18年的大学教授生涯。他的第一个讲演是关于光学理论的，后来他把它作为一篇论文在英国皇家学会会刊上发表，并引起了相当大的反响。他在光学中得到的一些结论引起了一些科学家的猛烈攻击。他看到这些争论非常无聊，就发誓再也不发表任何关于科学的东西了。也许就是因为这个原因，从而引发了他与莱布尼茨在微积分发现的优先权上的争论。这场争论导致英国数学家追认牛顿为他们的导师，并割断了他们与欧洲大陆的联系，从而使英国的数学进展推迟了100年。

1672年，由于他设计、制造了反射望远镜，而被选为皇家学会会员。他把关于光的粒子学说的论著寄给了皇家学会，他的声誉以及对理论的巧妙处理，使该理论得到了普遍采用。

▲牛顿之墓

1689年，牛顿成为剑桥大学选出的国会议员。1692年，他得了奇怪的病，持续了大约2年，致使他有些精神失常。1696年，牛顿被任命为造币局总监。1699年，他被法国巴黎科学院选为外籍院士，同时被提升为造币厂厂长。1703年，被选为皇家学会主席并连任20年，直至他逝世。1705年，他被封为爵士。晚年，他主要从事化学、炼丹和神学。虽然他在数学上创造性的工作实质上已经停止了，但他还没有失去这方面的非凡能力，仍能熟练地解决提供给他的数学竞赛题，而这些题目是远远超过了其他数学家的能力的。在他晚年的生活中，与莱布尼茨那场不幸的争论，使他很不愉快。1727 年，他在一场旷日持久的病痛中死去，终年 85 岁，荣获了隆重的国葬，被安葬在威斯敏斯特教堂的名人墓地。

拓展链接

牛顿邀请一位朋友到他家吃午饭。饭菜已经摆好了，左等右等，也不见牛顿出来，无可奈何的客人只好在牛顿佣人的招待下自己用了餐。过了好一会儿，牛顿才从书房出来，他一边向客人致歉，一边到餐桌旁准备吃饭，当他刚伸手去取餐巾，发现盘子里有骨头，不觉一愣，含着歉意向朋友说道："天，我以为我还没有吃饭呢，原来我已经吃过了。"

33 数学王子——高斯

他是谁

高斯幼年时就表现出超人的数学天才，21 岁大学毕业，22 岁即获博士学位。他的成就遍及数学各个领域，他发明了用圆规和直尺作正十七边形的方法，从而解决了 2 000 年来悬而未解的难题。由于在数学、天文学、大地测量学和物理学方面的杰出成就，他被选为许多科学院和学术团体的成员，"数学之王"的称号是对他一生恰如其分的赞颂。

走近大师

▲高斯

1777年，高斯出生在德国布伦瑞克城的一个小家庭，祖父是贫苦的农民，父亲在附近的庄园从事园艺，他先后做过护堤人、泥水匠和喷泉技师等。母亲温柔而贤惠，对独儿子高斯宠爱倍加。

高斯幼年时就表现出数学天才，在整个数学史上，没有人像他一样“早熟”。在高斯只有3岁的一天，父亲在费力地计算受他管理的工人的周薪，最后总算将钱数给算出来了，父亲长吁一口气。正在父亲觉得浑身轻松了的时候，一直在旁边认真观看的小高斯扯了扯父亲的衣角，说道：“爸爸，您算错啦，钱应该是这样的……”。父亲惊讶不已，又从头计算了一遍，发现自己果真算错了，小高斯的答案是对的！家里的确没有人教过这个小孩子算术，大概是每次父亲算账的时候，小高斯总是安安静静地在旁边细心观察，不知不觉，他也学会了计算。

1784年，小高斯背着妈妈新做的书包，进入当地的国民小学读书。教学条件相当简陋，低矮潮湿的平房，凹凸不平的地面。就是在这样一所学校里，高斯开始了正规学习，并在数学领域里一显天才。

1787年，高斯10岁。教算术的布特纳以严厉而出名，这天，他在黑板上出了这样一道难题：把1到100的整数加起来，结果是多少？不料老师题目刚写完，高斯就在小石板上写下了答案：5 050，并将石板交给了老师。看其余的同学都在满头大汗地计算着，老师根本不相信这个小孩子能立刻写出答案，还呵斥道，谁要是不用心，随便写个答案，可得当心！结果，最后班上只有高斯一个人的答案是对的。高斯在计算答案的时候，用了老师从来都没有教授过的方法：即在1至100中，取前后每一对数相加，1+100，2+99，3+98，…，其和都是101，这样一共有50个101，因此答案为5 050。

高斯通向不朽光荣的大门从此打开。发现了高斯数学天赋的布特纳，对这个聪慧的孩子喜爱有加，找来了许多数学书籍给高斯阅读，教他更多额外的数学知识。高斯在老师的帮助下，阅读了大量的书籍，视野得到了开阔。在这期间，高斯和布特纳的助手，后来也成为数学家的巴蒂尔成为挚友，巴蒂尔买来的代数分析的书成了他们共同的课本。

1792年，高斯在斐迪南公爵的资助下进入布伦瑞克的卡罗林学院学习，在此期间，他除了阅读学校规定的语言、哲学、自然和历史之外，还攻读了牛顿、欧拉等人的大量著作。高斯在1795年考取了哥廷根大学，在那里，数学天才开始了数学研究。第二年他就发现正十七边形的尺规作图法，并给出可用尺规作出的正多边形的条件。困扰了欧拉等大数学家2 000多年的难题，被这个19岁的德国青年给出了圆满的答案。为了永远纪念这一非凡的成就，在高斯逝世以后，人们为他建立起一尊以正十七棱柱为底座的塑像，庄严地树立于他的家乡布伦瑞克城。

1801年，高斯的《算数研究》问世，这本书奠定了近代数论的基础，它不仅是数论方面的划时代之作，也是数学史上不可多得的经典著作之一。高斯对代数学的重要贡献是证明了代数基本定理，他的存在性证明开创了数学研究的新途径。高斯在1816年左右就得到非欧几何的原理。他还深入研究复变函数，建立了一些基本概念，发现了著名的柯西积分定理。他还发现椭圆函数的双周期性，但这些工作在他生前都没有发表出来。1828 年高斯出版了《关于曲面的一般研究》，全面系统地阐述了空间曲面的微分几何学，并提出内蕴曲面理论。高斯的曲面理论后来由黎曼发展。高斯一生共发表 155 篇论文，他对待学问十分严谨，只是把他自己认为是十分成熟的作品发表出来。

高斯在天文学上也颇有成就。有一个后来被认证为小行星并被命名为“谷神星”的天体，被发现时好像在向太阳靠近，天文学家虽然有 40 天的时间可以观察它，但还不能计算出它的轨道。高斯只作了 3 次观测就提出了一种计算轨道参数的方法，而且达到的精确度使得天文学家在 1801 年末和 1802 年初能够毫无困难地再确定谷神星的位置。高斯在这一计算方法中用到了他大约在 1794 年创造的最小二乘法（一种可从特定计算得到最小的方差和求出最佳估值的方法），在天文学中这一成就立即得到公认。他在《天体运动理论》中叙述的方法今天仍在使用，只要稍作修改就能适应现代计算机的要求。高斯在小行星“智神星”方面也获得类似的成功。

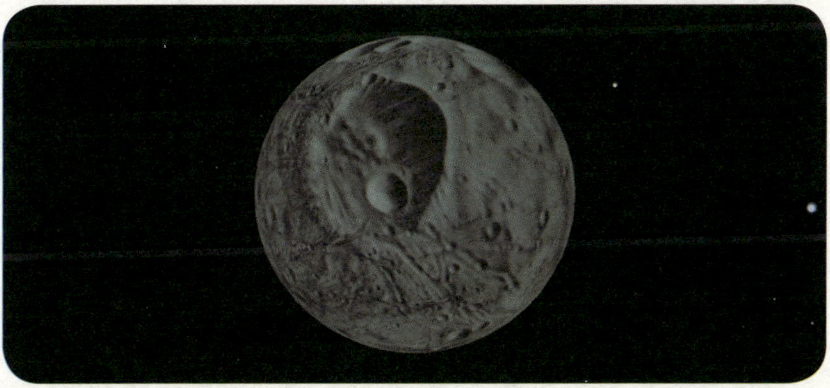

▲谷神星

19 世纪 30 年代，高斯转向了物理研究，他和一个比他小 27 岁的年轻物理学家——韦伯一起从事磁的研究，他们的合作是很理想的：韦伯作实验，高斯研究理论，韦伯引起高斯对物理问题的兴趣，而高斯用数学工具处理物理问题，影响韦伯的思考方法。1840 年他和韦伯画出了世界第一张地球磁场图，而且定出了地球南磁极和北磁极的位置，并于次年得到美国科学家的证实。

从 1796 年高斯用尺规作出正十七边形之后，他开始记科学日记，并且长期坚持了下来。1898 年，哥廷根皇家学会为了研究高斯，从高斯的孙子那里借来高斯的科学日记。这本日记是在高斯逝世 46 周年之后才开始流传的。这本私人日记毫不显眼，淡黄色的封皮，只有薄薄的 19 页，里面涂满了各种奇怪的符号，但记录了从 1796 年到 1814 年的 146 项成果。

▲高斯和韦伯的纪念碑

高斯的日记一经披露，便轰动了整个科学界，原来很多成果高斯早已经发现，而公开发表得很晚，有些甚至都没有发表！有关椭圆双周期的内容一直到日记发现的时候才被人们知晓，以致这个重大成果在日记里沉睡了整整100年！高斯还进一步认识到了一般情况下的双周期性，这个问题经雅克比和阿贝尔独立研究发展，才成为19世纪函数论的核心。类似的例子不胜枚举，这些重大的成果，无一不是当时世界上第一流的成果，一经发表，无疑会给高斯带来空前的荣誉，但是高斯对自己工作的要求总是精益求精，他只发表经过千锤百炼的杰作，不允许有任何漏洞的存在。他要求“宁缺毋滥”，认为这些研究成果还需进一步论证，所以他生前没有公布这本日记。

1855年2月23日凌晨，高斯躺在靠背椅上，安详地停止了呼吸，与世长辞。

拓展链接

赞美高斯的诗歌

一个正十七边形，
精美地镌刻在墓碑上；
像佩戴在德国“数学王子”胸襟，
最灿烂的一枚勋章；
虽然生命之花早已谢萎，
墓前的花蕾却在阳光下绽放。
人说你是一位神童，
每个细胞都萌发超群的力量；
你自知探索的道路多么艰辛，
成就从来靠勤奋储藏……
噢，千成别用懒惰消磨豆蔻年华，
我懂了，报酬和心血永远一起成长！

34 扭转"乾坤"的数学家——黎曼

他是谁

他对数学的全部论述合起来只有薄薄的一本，可他的每一篇论文无不具有深远的意义。他是爱因斯坦相对论建立的"幕后英雄"，他被称为"几何中的哥白尼"。时至今日，他的思想还能够让人们感到最强烈的震撼。他就是扭转"乾坤"的数学家——黎曼。

走近大师

黎曼（1826—1866年）出生于德国北部汉诺威的伯莱塞兰士村，父亲是一名贫苦的乡村牧师，家里有6个孩子，仅靠父亲微薄的收入，家里的生活捉襟见肘。因此，孩子大多营养不良，身体瘦弱，有几个过早地离开了人世。

▲黎曼

黎曼的数学天赋从小就显得异常突出。他6岁时开始学习算术，不仅能解决所有留给他的数学问题，而且还经常提一些问题来捉弄他的兄弟姐妹。10岁时他跟一位名叫肖尔兹的职业教师学习高级算术和几何，黎曼常常对一些问题能做出更好的答案，老师很快便发现自己已经落在了黎曼的后面。

小黎曼14岁的时候被送到了大学预科学校读书，虽衣着寒酸、囊中羞涩，但成绩一直名列前茅，这让他得到了不少安慰。

后来，预科学校的舒莫弗斯校长发现了小黎曼在数学上的天赋，特许黎曼可以从他的私人图书馆中借阅图书。有一次，黎曼借了一本勒让德所著的《数论》，这本书长达859页，以内容艰深而著称，一些章节对很多数学专家来讲都难以读懂。6天以后，黎曼就把书还回来了。校长知道，对一般人来讲，花上一年半载的时间能把它读完就不错了，于是问黎曼："你读了几页？"黎曼回答说"我已经读完了，这真是一部了不起的著作"。校长纳闷了，自己读了近半年还有一大堆疑问，小黎曼只花6天就看完了？于是，以自己不懂的一些问题向黎曼提问，小黎曼竟然对答如流，就像是自己所写的一样！

1846年，黎曼考入哥廷根大学，依照父亲的指示，选择了语言学和神学作为自己的专业，以便以后能成为牧师，分担家庭负担。但是哥廷根大学因为高斯而成为世界数学中心之一，学校的气氛感染着本

▲哥廷根大学

来对数学有异常天赋的黎曼，同自然界无比神奇的规律相比，天国的神话变得索然无味。几经努力，黎曼最终征得了父亲的同意，放弃了神学专业，专攻数学。

在哥廷根学习一年之后，勤勉的黎曼转到了柏林大学，得到了更多教授的指点，进入了新的数学领域。

▲哥廷根大学

1851 年，黎曼将自己的博士论文交给了挑剔的数学王子高斯，获得了高斯的高度评价：黎曼先生提出的论文提供了一个令人信服的证据，作者对所处理的主题相关方面有透彻深刻的研究，同时证明，黎曼先生有一个创造性的、积极活跃的和真正数学的头脑。黎曼取得了博士学位，他期待到哥廷根大学担任教授，向更多的人讲授数学。但是即使是讲师，也要通过就职演讲。

他的就职论文具有相当的难度。当初为了确定论文的选题，他向高斯提交了3个题目，以便让高斯在其中选定一个。其中第三个题目是涉及几何基础的，这个题目黎曼当时并没有多少案头准备工作，因此黎曼从心底里希望高斯不要选中它。可是，高斯对第三个题目却深有研究，他已思考这个问题达60年之久。出于想看看黎曼对这个深奥的问题会做些什么样的创造性工作，高斯指定第三个题目作为黎曼就职演讲论文的题目。于是黎曼投入了第三个题目的研究之中，他不顾生活清贫、营养不良，超负荷地忘我工作，长时间过度而紧张地思索，以致他常常体力衰竭，甚至病倒。一旦身体稍有复原，他又继续研究。功夫不负有心人。1854年6月10日，黎曼以《关于构成几何基础的假设》论文作了就职演讲，受到了与会数学家们的认可和好评。高斯听完之后大为惊异，感到这个年轻人把这个难题处理得非常之好，他赞不绝口。黎曼的这篇论文被人们认为是19世纪数学史上的杰作之一。

▲《黎曼几何》

就职演讲顺利通过了，黎曼被正式任命为讲师。但是讲师们没有政府津贴，全部靠听课的学生的学费维生，通常听课的学生不会多，因此收入也就相当微薄，生活非常困苦。但他从不因经济上的拮据而感到沮丧，他把全部精力投向教学和数学研究。

在科学的崎岖小道上艰苦奋斗，黎曼终于在众多的数学领域里做出了许多奠基性和创造性的研究工作：他从几何方向开创了复变函数论；他是现代意义的解析数论的奠基者；

他对微积分的严格处理作出了重要贡献；他在数学物理和微分方程等领域内也成果丰硕；他对阿贝尔积分和阿贝尔函数的研究，开创了现代代数几何；他首创用复解析函数研究数论问题，开创了现代意义的解析数论；他对超几何级数的研究，推动了数学物理和微分方程理论的发展。随着研究成果的问世，黎曼在数学界的学术声望迅速提高。他受到许多世界著名数学家的赞扬，也最终继承了高斯生前的教席，获得了一个科学家可能得到的最高荣誉。

长期清贫的生活、过度的操劳、发奋的研究，使得黎曼身体虚弱、精力衰竭。1862 年黎曼患了胸膜炎，不久又患了肺病，一年后又患了黄疸病。在病魔缠身之际，只要有一些力气，黎曼仍坚持数学研究工作。虽然这个时期黎曼积极就医和疗养，但因病入膏肓终无疗效。1866 年 7 月 20 日，黎曼过早地离开了人世，也过早地离开了数学，终年仅 40 岁。

黎曼的英年早逝是德国数学界乃至全世界数学界的遗憾！但是他所留给数学界的，在他少量已出版的论文集中，已有太多丰富的概念，至今还未被后世数学家研究殆尽。

拓展链接

对一个人而言，贫穷还是富贵，在出生时谁也无法选择，但是，努力和拥有健康的心态却是每个人都可以学到的，唯有努力才能改变命运。让我们像黎曼大师一样，有一个健康的心态，有一颗感恩的心，做到有激情、有梦想，努力提高自身的综合素质，以优异成绩回报家庭，回报社会。

35 数学界的亚历山大——希尔伯特

他是谁

希尔伯特是20世纪最伟大的数学家之一，提出了著名的不变量理论基本定律的证明，解决了代数不变式问题。他在20世纪初的国际数学会议上，提出了新世纪数学家应该努力解决的23个问题，有力地推动了数学的发展。

走近大师

希尔伯特（1862—1943年）出生在哥尼斯堡，他的祖父、父亲都是法官，母亲受过良好的教育，对哲学、天文学和数学很感兴趣。

▲希尔波特

童年时代的希尔伯特并没有表现出什么特殊的数学天才。据说他小时候记忆东西非常吃力，领悟新概念也很慢，那时候的孩子一般6岁就上学，可他到8岁才上了皇家腓特烈预科学校的初级部。这所学校虽然历史较长，在哥尼斯堡名声极好，但课程的设置比较保守，初级部以语言文学为主，主要是阅读和书写日耳曼语及罗巴语，分析简单的句子和一些圣经故事，数学知识少得可怜。在预科学校的最后一年，希尔伯特转到了威廉学校。这所学校很重视数学和自然科学课程，甚至讨论几何学的某些新进展。希尔伯特十分喜欢这所学校，特别用心学习数学，成绩突飞猛进，各门功课成绩皆优，数学则常获最高分。学校在希尔伯特的毕业评语中写道：他的勤奋堪称楷模，他对数学有着强烈的兴趣，理解深刻，他用非常好的方法掌握老师教授的内容，并能有把握地、灵活地运用它们。

1880年秋天，18岁的希尔伯特进入家乡的哥尼斯堡大学，他不顾当法官的父亲希望他子承父业的愿望，毫不犹豫地进了哲学系学习数学（当时的数学设在哲学系内）。希尔伯特发现当时的大学生活要多自由有多自由，教授想教什么就教什么，学生想学什么就选什么课，不受限制，平常也不点名，许多年轻人把大学的宝贵时光都花费在学生互助会的传统活动饮酒和斗剑上。然而对希尔伯特来说，简直就是学习的天堂，终于可以把全部精力给予数学了，他再也不必为令他枯燥的拉丁文和希腊文而苦恼了。

▲克莱因

23岁时，希尔伯特获得了博士学位。毕业后希尔伯特曾赴莱比锡、巴黎等地作短期游学。在莱比锡，他参加了克莱因的讨论班，受到克莱因的器重。正是克莱因推荐希尔伯特去巴黎访问，结识了庞加莱、若尔当、皮卡与埃尔米特等法国著名数学家。1886年6月，希尔伯特获哥尼斯堡大学讲师资格。除教课外，他继续探索不变量理论，并于

1888 年秋取得突破性结果——解决了著名的哥尔丹问题，这使他声名初建。1892 年，希尔伯特任哥尼斯堡大学副教授。1895 年转任哥廷根大学数学教授，直至 1930 年退休。

▲ 1886 年的希尔伯特

在哥廷根大学，希尔伯特又相继发表了震惊数学界的工作：代数不变量问题。代数不变量理论是 19 世纪后期数学的热门课题。1896 年他向德国数学会递交了代数数论的经典报告“代数数域理论”；1899 年发表著名的《几何基础》并创立了现代公理化方法；同年希尔伯特出人意料地挽救了狄利克雷原理而使变分法研究出现崭新转机；1909 年他巧妙地证明了华林猜想；1901—1912 年间通过积分方程方面系统深刻的工作而开拓了无限多个变量的理论。这些工作确立了希尔伯特在现代数学史上的突出地位。

1900 年，希尔伯特被邀请在巴黎第二届国际数学家大会上作了“数学问题”的演讲，在这篇著名的演说中，他论述了“数学问题对数学发展的推动作用”，论述了“数学问题产生的源泉”，论述了“解答数学问题的一般要求和途径”等认识论和方法论问题。接着，他在总结 19 世纪数学研究成果和发展趋势的基础上，向全世界的数学家们提出了“23 个数学问题”，他认为这些问题可能是 20 世纪数学领域中最活跃、最关键、最有影响的课题。这 23 个问题通称希尔伯特问题，后来成为许多数学家力图攻克的难关，对现代数学的研究和发展产生了深刻的影响，并起了积极的推动作用。希尔伯特问题中有些现已得到圆满解决，有些至今仍未解决。不管哪位数学家，若能解决其中一个问题，就能在数学家共同体内获得一个荣誉地位。

希尔伯特同时是一位出色的教师，他讲课富有魅力，重视基础与技巧，他还以一位正直的学者而受到普遍的尊敬。他的学术成就、教学活动以及个性风格，使他成为一个强大的学派领头人。20 世纪初的 30 年间，哥廷根大学成为名副其实的国际数学中心。

希尔伯特还是一位维护正义、敢于斗争的战士。第一次世界大战前夕，他拒绝在德国政府为进行欺骗宣传而发表的《告文明世界书》上签字。战争期间，他敢于公开发表文章悼念“敌人的数学家”达布。希特勒上台后，他抵制并上书反对纳粹政府排斥和迫害犹太科学家的政策。由于纳粹政府的反动政策日益加剧，许多科学家被迫移居国外，曾经盛极一时的哥廷根学派衰落了，希尔伯特也于 1943 年在孤独中逝世。

拓展链接

希尔伯特问题

1. 连续统假设
2. 算术公理的相容性
3. 两个等底等高四面体的体积相等问题
4. 两点间以直线为距离最短线问题
5. 一个连续变换群的李氏概念，定义这个群的函数不假定是可微的
6. 物理学的公理化

7. 某些数的无理性与超越性

8. 素数问题

9. 在任意数域中证明最一般的互反律

10. 丢番图方程的可解性

11. 系数为任意代数数的二次型

12. 将阿贝尔域上的克罗克定理推广到任意的代数有理域上去

13. 不可能用只有两个变数的函数解一般的七次方程

14. 证明某类完备函数系的有限性

15. 舒伯特计数演算的严格基础

16. 代数曲线和代数曲线面的拓扑问题

17. 半正定形式的平方和表示

18. 用全等多面体构造空间

19. 正则变分问题的解是否一定解析

20. 一般边值问题

21. 具有给定单值群的线性微分方程解的存在性证明

22. 由自守函数构成的解析函数的单值化

23. 发展变分学方法的研究

36 将名字写在月球上的人——祖冲之

他是谁

祖冲之出生在南北朝时期。他用“割圆术”精算了圆周率。他编制了《大明历》，最早将岁差引进立法历法。他和儿子祖暅之一起，用巧妙的方法解决了球体体积的计算问题。他给《九章算术》和刘徽的《重差》作过注解。他的著作《缀术》被收入《算经十书》，成为唐代国子监算学课本。

走近大师

▲祖冲之

祖冲之出生在今天的南京，生活在南北朝时期，当时由于南朝社会比较安定，农业和手工业都有显著的进步，经济和文化得到了迅速发展，从而也推动了科学的前进。因此，在这一段时期内，南朝出现了一些很有成就的科学家，祖冲之就是其中最杰出的人物之一。祖冲之祖父名叫祖昌，在宋朝做了一个管理朝廷土木工程的长官，父亲也在朝中任官。祖家历代都对天文立法有所研究，祖冲之成长在这样的家庭里，从小就读了不少书，大家都称赞他是个博学的青年。他特别爱好研究数学，也喜欢研究天文历法，经常观测太阳和星球运行的情况，并且做了详细记录。

在他 20 岁的时候，宋孝武帝听说了他的博学多才，特派他到“华林学省”做研究工作，这让他可以更专心地研究数学和天文了，他全身心地投入到浩瀚的数学和天文的世界。后来他又担任过地方官职。公元 461 年，他任南徐州（今江苏镇江）刺史府里的从事。464 年，宋朝政府调他到娄县（今江苏昆山县东北）做县令。但是他的心思并不在做官，依旧沉溺于所衷爱的数学和天文之中。由于他对各种事物敢于大胆设想，勇于创新，注重实践，并且勤奋刻苦，因此，在许多科学领域取得了惊人的成果。

在数学上，祖冲之研究过《九章算术》和刘徽所作的注解，给《九章算术》和刘徽的《重差》作过注解。他还著有《缀术》一书，汇集了祖冲之父子的数学研究成果。这本书内容深奥，以至“学官莫能究其深奥，故废而不理”。《缀术》在唐代被收入《算经十书》，成为唐代国子监算学课本，当时学习《缀术》需要4年的时间，可见《缀术》的艰深。《缀术》曾经传至朝鲜和日本，但到北宋时这部书就已轶失。祖冲之还研究过“开差幂”和“开差立”问题，涉及二次方程和三次方程的求根问题。

而祖冲之在数学上最大的贡献则是在精算圆周率上。什么是圆周率呢？简单说，圆周率就是圆的周长与它的直径的比，是一个常数，用希腊字母“π”表示。圆周率的应用范围很广泛，尤其在生产实践和天文历法当中，凡是牵涉到圆的一切问题，都要使用圆周率来推算。如何正确地推求圆周率的数值，是世界数学史上的一个重要课题，很多学者都对这个课题进行了探究。比如东汉著名科学家张衡推算出的圆周率值为3.162；三国时，数学家王蕃推算出的

▲祖冲之与圆周率

圆周率数值为3.155；魏晋之际的著名数学家刘徽在为《九章算术》作注时创立了新的推算圆周率的方法——割圆术，推算出近似值3.14。

祖冲之认为自秦汉以至魏晋的数百年中研究圆周率成绩最大的学者是刘徽，但并未达到精确的程度，于是他进一步精益钻研，去探求更精确的数值。在推算圆周率时，祖冲之付出了不知多少辛勤的劳动。每天早上祖冲之出门处理公事，处理完公事回来，他就一头钻进自己的书房，有时甚至忘了吃晚饭，忘了休息。祖冲之在书房的地板上画了一个直径一丈的大圆，运用“割圆术”的计算方法，在圆内先作了一个正六边形，开始计算。为了求出最精密的圆周率，依次算圆内接正十二边形的边长，再算内接二十四边形的边长，内接四十八边形的边长，内接九十六边形的边长……边数一倍又一倍地增加，一共要翻十一番，直到算出一万二千二百八十八边形的边长，才能得出精密的圆周率。如果头脑不是十分冷静精细，没有坚韧不拔的毅力，是绝对不会成功的。祖冲之顽强刻苦的研究精神，是很值得推崇的。祖冲之最终证明圆周率应该在3.141 592 6和3.141 592 7之间。他成为世界上第一个把圆周率的准确数值计算到小数点后7位数字的人。直到1000年后，这个纪录才被阿拉伯数学家阿尔·卡西和法国数学家维叶特所打破。

除了在数学上的成就，从小酷爱天文的祖冲之在天文方面也有许多建树，《大明历》便是其中之一。

我国历代都有研究天文的官，并且根据研究天文的结果来制定历法。到了宋朝的时候，历法已经有了很大的进步，但是祖冲之认为还不够精确。他根据自己长期观察的结果，创制出一部新的历法，叫做《大明历》（“大明”是宋孝武帝的年号）。《大明历》中有两项重大改革，一项是打破了我国沿袭很久的“19年7闰”的老闰法。祖冲之经过仔细推算，发现这个闰法每过200年就会相差一天。因此，他打破传统观念，反复计算，精确地得出了每391年中加上144个闰月的新闰法。祖冲之在历法计算中还第一次应用了东晋天文学家虞喜发现的岁差原理。所谓岁差，指地球围绕太阳运行一周，不可能完全回到原来位置的现象。祖冲之应用这个原理精确地计算出一回归年（也就是两年冬至点之间的时间）的天数是365.242 844 81天，同近代科学测量相比，1年只差50秒，而测定月亮环行1周的天数，跟现代科学测定的相差不到1秒，可见它的精确程度了，这在天文历法史上是一个重大的进步。

▲祖冲之编制《大明历》

祖冲之在科学发明上更是个多面手，他造过一种指南车，用来指示车子的方向。车中装有机械，车上装有木人。车子开行之前，先把木人的手指向南方，不论车子怎样转弯，木人的手始终指向南方不变。这种车子结构已经失传，但是根据文献记载，可以知道它是利用齿轮互相带动的结构制成的；他又造过“千里船”，在新亭江（今南京市西南）上试航过，一天可以航行超过50千米的路程；祖冲之也制造了很有用的劳动工具。他看到劳动人民舂米、磨粉很费力，就创造了一种粮食加工工具，叫做水碓磨。把水碓和水磨结合起来，大大提高

▲指南车

了生产效率，这种加工工具在我国南方有些农村现在还在使用着。

此外，他在音律、文学、考据方面也有造诣，他精通音律，擅长下棋，还写有小说《述异记》，是历史上少有的博学多才的人物。

为纪念这位伟大的古代科学家，人们将月球背面的一座环形山命名为“祖冲之环形山”，将小行星1888命名为“祖冲之小行星”。

拓展链接

相传在远古时代黄帝对蚩尤作战的时候，曾经使用过指南车来辨别方向。根据历史资料记载，三国时代的发明家马钧曾经制造过这种指南车，可惜后来失传了。公元417年，东晋大将刘裕进军至长安时，曾获得后秦统治者姚兴的一辆旧指南车，车子里面的机械已经散失，车子行走时，只能由人来转动木人的手，使它指向南方。后来齐高帝萧道成令祖冲之仿制。祖冲之所制指南车的内部机件全是铜的。制成后，萧道成就派大臣王僧虔、刘休两人去试验，结果证明它的构造精巧，运转灵活，无论怎样转弯，木人的手都会指向南方。

当祖冲之制成指南车的时候，北朝有一个名叫索驭驎的人来到南朝，自称也会制造指南车。于是萧道成也让他制成一辆，在皇宫里的乐游苑和祖冲之所制造的指南车比赛。结果祖冲之所制的指南车运转自如，索驭驎所制的却很不灵活。索驭驎只得认输，并把自己制的指南车毁掉了。

37 日累月积见功勋——华罗庚

他是谁

▲华罗庚

华罗庚（1910—1985年）是当代自学成才的国际数学大师，是中国解析数论、矩阵几何学、典型群、自安函数论等多方面研究的创始人和开拓者，被誉为“中国数学之神”“中国现代数学之父”。他是新中国成立60年以来100位“感动中国人物”之一，也是被列为美国芝加哥学术博物馆当今世界上88位数学伟人之一。他的治学格言激励着无数的后来学者反省、奋进。他培养了陈景润、万哲先、陆启铿和龚升等众多优秀的学生，其中有不少已经成为世界级的名家。

经典数学人物

走近大师

华罗庚出生于江苏太湖湖畔金坛县一个小商人家庭，出生时父母视若珍宝，放于箩筐以图吉利，“进箩避邪，同庚百岁”，故取名为罗庚。

小时候的华罗庚非常贪玩，字写的歪歪扭扭的，作业本上涂涂改改，功课也平平，有时还不及格，所以一直都不被老师喜欢，还经常挨戒尺。一天，金坛中学的一位叫王维克的老师给同学讲《孙子算经》，出了下面一道题：“今有物不知其数，三三数之剩其二，五五数之剩其三，七七数之剩其二，问物几何？”正在大家沉默之际，突然一个学生站起来答道：“23个。”大家一看，答者竟是向来被人瞧不起的华罗庚。当时华罗庚并未学过《孙子算经》，他是用如下妙法解决的：三三数之剩二，七七数之剩二，余数都是二，此数可能是3×7+2=23，用5除之恰余3，所以23就是所求之数（“物不知其数”是一个历史名题，在我国古典数学中，较早问世的《孙子算经》首创了这个解题定理，后来传到西方，称为“孙子定理”）。这道题不知道难倒了多少古人，也不知锻炼了多少数学家的头脑，华罗庚的巧妙算法，不禁令老师和同学们刮目相看。王维克老师研究了华罗庚涂改的本子才发现，这许多涂改的地方正反映了他解题时探索的多种路子。此后，便对这个聪明机灵的少年多了几分器重，常常单独辅导他，给他出一些难题做，这使本来对数学就有浓厚兴趣和天赋的少年华罗庚受益匪浅。

在初中毕业之后，华罗庚曾进入上海的中华职业学校就读，因无力负担昂贵的学费和生活费而中途辍学，回到金坛县一边帮助父亲料理杂货店，一边努力自学数学。

1929 年，华罗庚在王维克的推荐下受雇为金坛中学的会计并监管学校事务，他曾这样回忆当时的艰难生活：“除了学校里繁重的事务外，早晚还要帮助料理小店的事务。每天晚上大约 8 点钟才能回家。清理好小店的账目之后，才能钻研数学，常常到深夜。” 正是靠着这股韧劲，华罗庚走进了浩瀚的数学世界，并开始在杂志上发表论文。也正是在那年冬天，他积劳成疾，不幸患上伤寒，左腿的关节因此受到严重损害，落下了终身的残疾。

1930 年，年仅 20 岁的华罗庚在上海《科学》杂志上发表的论文《苏家驹之代数的五次方程式解法不能成立的理由》，轰动了整个数学界。当时任清华大学数学系主任的熊庆来对一个只有初中文化的人能达到这么高的学术水平十分惊奇，对这样的人才也倍加爱惜，清华大学破格录取华罗庚为图书管理员，让他能边工作边学习。华罗庚如饥似渴地阅读中外数学书籍，学习数学知识，数学水平飞速提高。他用 2 年的时间学完了数学系全部课程，自学了英、法、德文，还在国外杂志上发表了学术论文，1933 年被破格提升为助教，1935 年又被破格提拔成为讲师。

▲华罗庚在剑桥进修

1936 年，在清华大学的推荐下，华罗庚前往英国剑桥大学留学，师从当时赫赫有名的数学家哈代。哈代早就听说华罗庚是个才华横溢、富于创新的年轻人，因此充满期待地表示可以让华罗庚在2年之内获得博士学位，一般这都需要3年。华罗庚却摇摇头说："我不想获得博士学位，我只要求做一个访问者！"他深知为了取得博士学位往往不能进入更广博的数学空间自由驰骋，而被学位论文束缚在一两门学科之内。他在剑桥的2年中，把全部精力用于研究数学理论中的难题，他的研究成果引起了国际数学界的注意。1946年，华罗庚应美国普林斯顿大学邀请去讲学，并于1948年被美国伊利诺伊大学聘为终身教授。

在新中国成立之后，他毅然放弃了在美国的优厚待遇，克服重重困难回到刚从战争废墟中建立起来的祖国，投身我国数学科研事业。在美国，他有伊利诺伊大学终身教授的席位，有世界第一流的图书馆，有不少一流数学家在一起共同研讨，还有众多的优秀青年数学家在一起工作，更不必说有优越的物质生活了。华罗庚热爱数学，但他更爱祖国和人民。他常说："科学没有国界，但科学家是有自己的祖国的。"

▲伊利诺伊大学

回国后的短短几年里，华罗庚获得了累累的硕果，他所著的《典型域上的多元复变函数论》获得了国家发明一等奖，并先后翻译为俄文和英文；随后又出版了《数论导引》《指数和的估计及其在数论中的应用》《典型群》等著作。

1958年，华罗庚被任命为中国科技大学副校长兼应用数学系主任。在潜心研究数学理论、培养数学人才的同时，华罗庚根据中国国情，研究将数学和工农实践相结合的道路，创造性地将数学中的双选法和统筹法运用于工农业实践中，写成了《统筹方法平话及补充》和《优选法平话及其补充》，并亲自带领中国科技大学师生到一些企业工厂推广和应用"双法"，大大提高了工农业生产的效率。

他先后担任了清华大学数学系主任、中科院数学所所长、中国科技大学副校长兼数学系主任等职。由于青年时代受过的"知遇之恩"，华罗庚对于青年人才的培养格外重视。正是在他的亲自关心下，陈景润从厦门大学被破格调到中科院数学研究所，最终在攻克哥德巴赫猜想方面取得了世界领先的成绩，为中国数学事业作出了巨大的贡献，

▲ 1984年4月华罗庚参加美国科学院院士会议

万哲元、陆启铿、王元、龚升等人也都是在华罗庚的悉心培养和谆谆教导下成长起来的。

晚年的华罗庚，不顾高龄和腿部遗留的残疾病痛，以“下棋找高手，弄斧到班门”的心愿，始终奔波在工作一线。1975，在与世界“隔绝了”10多年以后，华罗庚到西欧作了7个月的访问，把自己的数学研究成果介绍给国际同行。1983年10月，他应美国加州理工学院邀请，赴美作为期一年的讲学活动。还于1984年以全票当选为美国科学院外籍院士。

在1985年6月12日，华罗庚应邀到东京大学数理学部讲演厅向日本数学界作讲演，原定45分钟的报告在经久不息的掌声中被延长到一个多小时。在接受献花的那一刹那，身体突然往后一仰，倒在讲坛上，一代大师用这样的方式谢幕，他像一名征战沙场的战士，在为国家坚持不懈的工作中，走完了自己的一生。他以实际行动践行了自己的诺言：“树老易空，人老易松，科学之道，戒之以空，戒之以松，我愿一辈子从实以终。”

华罗庚曾说，科学的灵感，决不是坐等可以等来的。如果说，科学上的发现有什么偶然机遇的话，那么这种“偶然的机遇”只能给那些有科学素养的人，给那些善于独立思考的人，给那些具有锲而不舍精神的人，而不会给懒汉。

华罗庚没有机会接受正规高等教育，初中毕业后只在上海短期就读过商业学校。这个勇于奋斗、勤奋严谨的学者，用自己的一生来追求科学和奉献祖国，在华罗庚74年的生命里，为我们留下了200多篇学术论文，10部专著，其中有8部被翻译成外文出版。国际上以华氏命名的数学科研成果就有“华氏定理”“怀依—华不等式”“华氏不等式”“普劳威尔—加当华定理”“华氏算子”“华—王方法”等。他也是中国解析数论、矩阵几何学、典型群、自安函数论等多方面研究的创始人和开拓者。他不仅取得了世界顶尖的数学研究成果，推动了我国乃至世界数学的发展，也用自己的言传身教培养了一大批人才，为促进我国经济建设发展和改善人民生活作出了重要的贡献。

华罗庚大师是我们永远的榜样和骄傲！

拓展链接

华罗庚治学警句

日累月积见功勋，山穷水尽惜寸阴。

勤能补拙是良训，一分辛劳一分才。

▲华罗庚治学警句

时间是由分秒积成的，善于利用零星时间的人，才会做出更大的成绩来。

在寻求真理的长征中，唯有学习，不断地学习，勤奋地学习，有创造性地学习，才能越重山，跨峻岭。

唯有按部就班地前进，唯有步步踏实地钻研，才可化雄心为现实。在这样基础上生长的雄心，才不是幻想，才不是白昼梦。

38 十年磨一剑——陈景润

他是谁

陈景润是著名的解析数论学家之一，是华罗庚大师最关爱的弟子。他屈居于仅6平方米的小屋，借助一盏昏暗的煤油灯，耗去了几麻袋的草稿纸，攻克了世界著名数学难题“哥德巴赫猜想”中的“1+2”。他的“陈氏定理”被数学界广泛征引。世界级的数学大师，美国学者阿魏尔曾这样评价他：陈景润的每一项工作，都好像是在喜马拉雅山山巅上行走。天上有颗星星以他的名字命名，这就是十年磨一剑的陈景润。

走近大师

▲陈景润

陈景润（1933 –1996年）出生在福建福州的一个小职员家庭，父亲希望这个孩子的出生能给家里带来“滋润”的日子，便给他取了这个吉利的名字。

少年的陈景润瘦弱且很内向，但是对数学有着浓厚的兴趣，数学成绩也一直名列前茅，数学演算和推导占去了他大多数时间，枯燥乏味的数字和公式在他看来是那么奇妙和充满了趣味。

有一次上数学课，老师讲了一个故事：200 年前，有一位名叫哥德巴赫的德国数学家提出了一个猜想——凡是大于 2 的偶数一定可以表示为两个素数之和，比如 $4=2+2$，$6=3+3$，$8=3+5$，……哥德巴赫本人虽然对许多偶数进行了验证，都说明是对的，但他本人却无法进行逻辑证明。他写信向著名的数学大师欧拉请教，欧拉花了多年的精力，到死也没有证明出来。从此这道世界难题就吸引了成千上万的数学家，但始终没有人能攻克。老师说，自然科学的皇后是数学，数学的皇冠是数论，“哥德巴赫猜想”则是皇冠上的明珠。自从听了这个故事后，哥德巴赫猜想就时常萦绕在陈景润的脑海中。他常想：那颗明珠究竟会落到什么人之手？中国人，还是欧洲人？应该是中国人拿下这道难题。他暗暗下了决心，从此更加发奋学习数学，如饥似渴地阅读数学书籍。

陈景润从厦门大学数学系毕业后，1953 年到 1954 年在北京四中任教，因口齿不清，而被拒绝上讲台授课，只能批改作业。后被“停职回乡养病”，调回厦门大学任资料员。在家乡的日子，陈景润的研究从未停止过，他不仅研究数论，对组合数学与现代经济管理、科学实验、尖端技术、人类生活的密切关系等问题也作了研究，更为了能直接阅读外国资料，掌握最新信息，在继续学习英语的同时，又攻读了俄语、德语、法语、日语、意大利语和西班牙语。

后来华罗庚在看了陈景润的关于“塔内问题”的论文后，十分欣赏他的数学才华，在了解到陈景润与自己有着相似的经历后，华罗庚对陈景润能吃苦、肯钻研的精神大为赞赏，就邀请他来参加当时在北京举行的数学会。参加完会议，经华罗庚多方努力，陈景润终于被调到了中科院数学所。

▲陈景润

就这样，陈景润从一个学校图书资料室的小天地走出来，突然置于全国名家高手云集的专门研究机构，眼界大开，如鱼得水。在数学所党委的直接领导下，在华教授的亲切指导和帮助下，陈景润充分领略了当时世界最先进的数论研究成果。当时数学所多次举行数论讨论，经过一番苦战，陈景润先后写出了华林问题、圆内整点问题等多篇论文。

为证明“哥德巴赫猜想”，摘取这颗世界瞩目的数学明珠，陈景润以惊人的毅力，在数学领域里艰苦卓绝地跋涉。辛勤的汗水换来了丰硕的成果。1973年，陈景润终于找到了一条简明的“哥德巴赫猜想”证明道路，当他的成果发表后，立刻轰动世界。其中“1+2”被命名为“陈氏定理”，同时被誉为筛选法的“光辉的顶点”。华罗庚等老一辈数学家对陈景润的论文给予了高度评价。世界各国的数学家也纷纷发表文章，赞扬陈景润的研究成果是“当前世界上研究‘哥德巴赫猜想’最好的一个成果”。

令人难以置信的是，外国人在证明“1+3”时用了大型高速计算机，而陈景润在仅6平米的小屋，借助一盏昏暗的煤油灯、一块床板、一支笔、几麻袋草稿纸，攻克了“1+2”的证明，这是需要多么惊人的精力投入和毅力，也是多么顽强传奇的经历。近200页的论文稿子到1973年正式发表时只有17页。陈景润说：“我考虑了又考虑，计算了又计算，核对了又核对，改了又改，改个没完。我不记得我究竟改了多少遍。科学的态度应该是最严格的，必须是最严格的。”陈景润在证明“1+2”中创造性地使用了一种新的“加权筛法”。著名的王元教授称“这一步关键性的证明全世界研究数论的人都没有想到。他的这一步是美妙的一步，天才的一步，也是艰难至极的一步”。在这之前，数论专家普遍认为要用已有的方法（包括“筛选法”）证明“1+2”几乎是不可能的。而陈景润居然对“筛选法”敲骨吸髓，加以改进，使其效力发挥得淋漓尽致，几乎达到极限的程度，“于无声处听惊雷”。

从证明“1+2”以后一直到生命的终结，陈景润一刻也没有停止向“1+1”的这个顶峰攀登。为了不影响别人的休息，他常常在深夜到有灯光的地方，或者到卫生间里面去看书、研究数学。陈景润常

▲陈景润一家三口

说的一句话是："时间是个常数，花掉一天等于浪费24小时。"在1981年厦门大学60年校庆的时候，林群院士和陈景润同住一室。林群经常失眠，陈景润说："失眠说明不需要睡觉，应该起来工作。"一天，陈景润11点就上床休息了。没想到，半夜2点，林群被摇醒，陈景润认真地问"我现在看书，不影响你吗？"当被问及证明"1+1"有没有希望的时候，陈景润说还要拼命，现在步子还太小，还要再走一百步才能达到。

1984年4月，陈景润在路上被自行车撞倒，脑部受到伤害。1985年挤公共汽车上班，下车时被挤摔倒在地。经过医院确诊，他患帕金森氏综合症。从这个时候开始，陈景润的最后十年几乎是在医院里度过的。

▲陈景润之墓

1996年3月19日，63岁的陈景润带着对“1+1”的遗憾走了。陈景润院士的一生，是为了数学研究事业顽强拼搏、奋斗的一生，是伟大光辉的一生。缅怀陈景润院士，就是为了弘扬和学习他脚踏实地、无私奉献，不畏艰难，勇攀数学世界高峰的崇高理想和精神，为科学研究事业作出新的贡献！

拓展链接

陈景润名言

时间是个常数，花掉一天等于浪费24小时。

学习要有三心，一信心，二决心，三恒心。

在科学的道路上我只是翻过了一个小山包，真正的高峰还没有攀上去，还要继续努力。

攀登科学高峰，就象登山运动员攀登珠穆朗玛峰一样，要克服无数艰难险阻，懦夫和懒汉是不能享受到胜利的喜悦和幸福的。

图书在版编目（CIP）数据

数学空间的机智 /《科学新探索读本》丛书编写组编. -- 北京：中国地图出版社，2011.4
（科学新探索读本）
ISBN 978-7-5031-5965-7

Ⅰ.①数… Ⅱ.①科… Ⅲ.①数学—青年读物②数学—少年读物 Ⅳ.① N49

中国版本图书馆 CIP 数据核字 (2011) 第 066201 号

科学新探索读本・数学空间的机智

出版发行	中国地图出版社		
社　　址	北京市西城区白纸坊西街 3 号	邮政编码	100054
电　　话	010-83543902 83543949	网　　址	www.sinomaps.com
印　　刷	大厂回族自治县彩虹印刷有限公司	经　　销	新华书店
成品规格	148mm × 210mm	开　　本	1/32
印　　张	6.25	字　　数	180 千字
版　　次	2011 年 4 月第 1 版	印　　次	2015 年 9 月河北第 3 次印刷
定　　价	18.00 元		

书　　号　ISBN 978-7-5031-5965-7/G・2202